FAO中文出版计划项目丛书

滋养万物：关于土壤的最新研究

联合国粮食及农业组织　编著

张夕珺　康　菲　王宏锐　译

中国农业出版社
联合国粮食及农业组织
2023·北京

引用格式要求：

粮农组织。2023。《滋养万物：关于土壤的最新研究》。中国北京，中国农业出版社。https://doi.org/10.4060/cc0900zh

本信息产品中使用的名称和介绍的材料，并不意味着联合国粮食及农业组织（粮农组织）对任何国家、领地、城市、地区或其当局的法律或发展状况，或对其国界或边界的划分表示任何意见。提及具体的公司或厂商产品，无论是否含有专利，并不意味着这些公司或产品得到粮农组织的认可或推荐，优于未提及的其他类似公司或产品。

本信息产品中陈述的观点是作者的观点，不一定反映粮农组织的观点或政策。

ISBN 978-92-5-138300-1（粮农组织）
ISBN 978-7-109-31549-5（中国农业出版社）

© 粮农组织，2022年（英文版）
© 粮农组织，2023年（中文版）

保留部分权利。本作品根据署名-非商业性使用-相同方式共享3.0政府间组织许可（CC BY-NC-SA 3.0 IGO；https://creativecommons.org/licenses/by-nc-sa/3.0/igo/deed.zh-hans）公开。

根据该许可条款，本作品可被复制、再次传播和改编，以用于非商业目的，但必须恰当引用。使用本作品时不应暗示粮农组织认可任何具体的组织、产品或服务。不允许使用粮农组织标识。如对本作品进行改编，则必须获得相同或等效的知识共享许可。如翻译本作品，必须包含所要求的引用和下述免责声明："本译文并非由联合国粮食及农业组织（粮农组织）生成。粮农组织不对本译文的内容或准确性负责。原英文版本应为权威版本。"

除非另有规定，本许可下产生的争议，如无法友好解决，则按本许可第8条之规定，通过调解和仲裁解决。适用的调解规则为世界知识产权组织调解规则（https://www.wipo.int/amc/zh/mediation/rules），任何仲裁将遵循联合国国际贸易法委员会（贸法委）的仲裁规则进行。

第三方材料。欲再利用本作品中属于第三方的材料（如表格、图形或图片）的用户，需自行判断再利用是否需要许可，并自行向版权持有者申请许可。对任何第三方所有的材料侵权而导致的索赔风险完全由用户承担。

销售、权利和授权。粮农组织信息产品可在粮农组织网站（http://www.fao.org/publications/zh）获取，也可通过publications-sales@fao.org购买。商业性使用的申请应递交至www.fao.org/contact-us/licence-request。关于权利和授权的征询应递交至copyright@fao.org。

FAO中文出版计划项目丛书
指导委员会

主　任　隋鹏飞

副主任　倪洪兴　彭廷军　顾卫兵　童玉娥
　　　　李　波　苑　荣　刘爱芳

委　员　徐　明　王　静　曹海军　董茉莉
　　　　郭　粟　傅永东

FAO中文出版计划项目丛书

译审委员会

主　任　顾卫兵

副主任　苑　荣　刘爱芳　徐　明　王　静　曹海军

编　委　宋雨星　魏　梁　张夕珺　李巧巧　宋　莉
　　　　闫保荣　刘海涛　赵　文　黄　波　赵　颖
　　　　郑　君　杨晓妍　穆　洁　张　曦　孔双阳
　　　　曾子心　徐璐铭　王宏磊

本书译审名单

翻　译　张夕珺　康　菲　王宏锐

审　校　张夕珺　康　菲

前 言 FOREWORD

土壤是地球上生命的基础，提供安全和富有营养食物的能力是土壤对人类和自然界的重大贡献。大约95%的人类食物营养来源于土壤，土壤天然具有为作物生长提供养分的能力。然而，纵观全球，各类型土壤提供养分的能力不尽相同。目前，我们正面临着两极化的养分失衡局面。一些地区的土壤天生贫瘠，几乎没有农业生产能力；另一些地区的土壤出现退化，导致土地肥力降低。这两种情况下，作物生长都因土壤养分不足而受到影响。与此同时，一些地区因管理不当在土壤中过度添加养分，致使土壤、空气和水遭受污染，严重影响陆地和水生生物多样性。这两类迥异的养分失衡现象不仅会加剧粮食不安全状况，削弱环境和经济可持续性，不利于社会公平，还会加快全球气候变化，增加温室气体排放。

可持续发展目标是联合国推动实现可持续发展的重要抓手。作为这项全球计划的举措之一，联合国建立了全球土壤伙伴关系，旨在建设有力的互动伙伴关系，加强利益相关方的协同与合作，推动实现可持续土壤管理。成立10年间，该机制起草了关于世界土壤保护和改良的一系列重要文件，包括《世界土壤资源状况报告》《可持续土壤管理自愿准则》及《肥料可持续使用和管理国际行为规范》（《肥料规范》），对于土壤保护以及将其纳入全球议程中的合理位置具有里程碑意义。《世界土壤资源状况报告》分析了土壤健康面临的十大威胁，包括侵蚀、土壤有机碳流失、养分失衡、盐化和酸化等；《可持续土壤管理自愿准则》阐述了消除和改变引起土壤退化因素的关键行动。这两份报告都认为养分失衡是影响全球土壤健康的主要威胁（粮农组织，2015），给环境、社会和经济造成破坏性影响。2020年，尽管化肥施用量达1.95亿吨且呈逐年增加态势，全球仍有7.68亿人处于饥饿中（粮农组织，2019b）。养分失衡直接影响食物产量、质量和食品安全，是实现粮食安全目标的重大障碍。粮食安全的一个主要层面是产量充足，提高土壤肥力有助于提高产量。土壤肥力是指土壤通过提供必要的养分和具备充分化学、物理及生物条件的栖息地，并维持生态系统服务以支持植物生长的能力（粮农组织，2015）。宏量和微量营养元素缺乏会导致作物生长不良，进而引起作物产量和营养价值下降。

人们努力和投资的重点是促进植物养分吸收和均衡，而不健康的土壤会导致人类和动物所需营养的流失。当土壤出现板结、侵蚀、养分和土壤有机质枯竭，或因受到污染物、酸和盐的污染而产生化学毒性时，就丧失了生产富有营养的食物以满足人体健康需求的能力，甚至无法吸收肥料中的养分。毋庸置疑，人类需要提高食物产量以满足不断增长的人口的需求，但需要关注的重点不仅是生产更多的食物，还应该包括生产更好的食物。可持续土壤管理对于保存和增加土壤所含养分和动植物及人类体内的养分至关重要。使用营养丰富的主粮作物品种，同时保持土壤健康，是减少营养不良的有效技术途径，尤其是当采取主粮作物和本地品种或豆类作物等复合种植或轮作模式时，可以有效促进饮食多样性，改善养分循环和生物多样性。

养分失衡也是引起环境退化和温室气体排放的重要因素。虽然肥料施用对农业生产的益处无可争辩，合理使用肥料有助于增加土壤有机质，提升土壤健康水平，但滥用和过度使用肥料会加剧全球气候变化、土壤退化和水资源流失，损害人类、动物和土壤健康。在使用某些矿物肥料和再生营养元素时，人们对其质量和安全的担忧与日俱增。其中含有的有害微生物和重金属可能产生严重、持续的环境污染，并引发重大人类健康问题。保持土壤肥力不应成为化肥原料开采和加工污染环境的正当理由。况且，化肥原料开采导致矿产资源不断枯竭，进一步凸显了高效、安全和可持续利用土壤养分的紧迫性。

缩写和缩略语 ACRONYMS AND ABBREVIATIONS

AMB	丛枝菌根真菌
BNF	生物固氮
CPFP	植物修复与食物生产相结合
EEF	增效肥料
Fertilizer Code	《肥料可持续使用和管理国际行为规范》
FUE	肥料利用率
GHG	温室气体
GSP	全球土壤伙伴关系
IoT	物联网
IPCC	政府间气候变化专门委员会
ISFM	土壤肥力综合管理
MIRS	中红外光谱法
MSW	城市固体废物
NbS	基于自然的解决方案
NDVI	归一化植被指数
NF	固氮
Nr	活性氮
NUE	氮素利用率
POP	持久性有机污染物
PSS	土壤近地传感
SDG	可持续发展目标
SOM	土壤有机质

SSA	撒哈拉以南非洲
SSM	可持续土壤管理
SWSR	《世界土壤资源状况报告》
USDA	美国农业部
VGSSM	《可持续土壤管理自愿准则》
vis-NIRS	可见-近红外光谱法
VRNF	变量施用氮肥
WHO	世界卫生组织

化学式和元素符号 | CHEMICAL FORMULAE AND ELEMENTS

Al	铝	N_2O	氧化亚氮
B	硼	Na	钠
C	碳	NH_3	氨气
Ca	钙	NH_4^+	铵离子
Cd	镉	NO_2	二氧化氮
CO_2	二氧化碳	NO_2^-	亚硝酸根离子
Fe	铁	NO_3^-	硝酸根离子
H	氢	NO_x	氮氧化物
Hg	汞	O_2	氧气
HNO_3	硝酸	P	磷
I	碘	Pb	铅
K	钾	S	硫
Mn	锰	Se	硒
Mg	镁	Si	硅
Mo	钼	Ti	钛
N	氮	Zn	锌
N_2	氮气		

目 录 CONTENTS

前言 v
缩写和缩略语 vii
化学式和元素符号 ix

简介 1

1 全球土壤养分收支现状和趋势 2
1.1 土壤对植物的养分供给 2
1.2 土壤肥力流失和作物生产 17
1.3 土壤肥力评估、制图和监测：掌握全球土壤养分收支状况 19

2 土壤肥力对作物、动物及人类营养的作用 23
2.1 土壤肥力与人类健康 23
2.2 土壤肥力与作物营养 28
2.3 土壤宏量和微量营养元素含量提升策略与化肥在作物种植和作物营养中的作用 31

3 养分不当使用和过度使用对环境污染和气候变化的影响 33
3.1 养分不均：全球养分收支的困扰 33
3.2 土壤营养元素过度使用和不当使用 38
3.2.1 化肥过度使用和不当使用造成的土壤、水和大气污染 39
3.3 化肥过度使用和不当使用对气候变化的影响 40
3.4 肥料质量及其在食品安全、人类健康和污染中发挥的作用 43
3.5 提高养分利用效率的方式 47
3.5.1 土壤肥力综合管理 47
3.5.2 基于自然的解决方案：利用土壤微生物减少肥料施用的外部性 51
3.5.3 改进施肥的技术手段 54
3.6 养分循环与再利用 60
3.7 可持续土壤肥力管理 62

参考文献 64
术语表 78

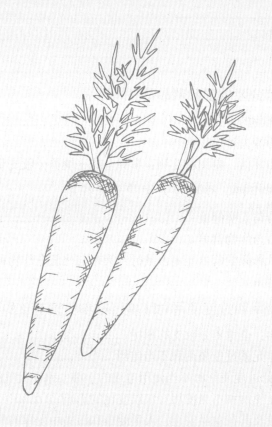

简　介

食物源自土壤，随着可持续发展目标的预定实现日期越来越近，扭转土壤退化态势，应对其对农业食物系统影响迫在眉睫。《滋养万物：关于土壤的最新研究》探讨了土壤健康在实现多项可持续发展目标进程中的重要作用，包括目标2（零饥饿）、目标3（良好健康和福祉）、目标6（清洁饮水和卫生设施）、目标12（负责任消费和生产）、目标13（气候行动）和目标15（陆地生物）。显而易见，土壤具有巨大的潜力，可以提供支持食物、饲料、能源（生物质）、纤维生产的健康环境，满足人们生活的基本需求。

推行集约化食物生产可能会对人类和地球上很多其他物种的健康造成威胁，破坏环境，并使全球面临的环境退化、贫困、营养不良、人口移徙、疾病和气候变化等严峻问题进一步恶化。我们是否能够以自然和可持续的方式释放土壤的生产潜力，以获得充分、营养和安全的食物，抑或只能完全依赖外部投入来替代土壤中消耗的养分？为此将付出什么样的环境和社会经济代价？本书将试图寻求这些问题的答案。

本书旨在阐述土壤肥力在生产充足、安全和更有营养食物中的作用，从而提升植物、动物和人类的健康水平。

小到分子，大到整个地球，各个层级的过程都与土壤肥力和营养有关。对这些过程的干预有可能加剧我们面临的全球性挑战，但如果进行合理调整，也有可能成为应对挑战的途径。本书可以帮助读者从食物生产和粮食安全的角度认识与土壤肥力有关的各类过程，了解因滥用和过度使用肥料造成的环境和气候影响。最后，本书概述了解决当前农业食物系统普遍存在的养分失衡问题的主要机会和努力方向。

1 全球土壤养分收支现状和趋势

营养不良和粮食不安全是长期困扰人类的难题。在讨论应对战略和解决方案时，经常会涉及植物类替代品，如发展生物强化品种和优良作物品种。然而，作物、食物及人类体内营养元素缺乏的问题与土壤之间的联系往往并不显而易见。这一点令人十分困惑，因为土壤是人类健康成长所需营养的主要来源。植物主要从空气和土壤这两个截然不同的环境中获得养分，而动物源食品的养分来自植物或植物类食物，其源头为土壤。因此，土壤的质量和健康直接关系到食物的营养质量。健康的土壤具有维持陆地生态系统生产力、多样性和环境服务的功能（粮农组织，2020）。如果土壤不健康，其生产健康和营养食物的能力会降低或丧失。土壤是复杂的生态系统，具有产生、储存、转化和循环人体所需基本元素的强大功能，这些元素从土壤进入植物体内，而后再转移到动物体内。这种养分的储存和转移通过复杂的物理、化学和生物过程实现，可以将氮和磷等难以利用的养分来源转化为植物可利用的形式。土壤不是惰性的，而是活的生态系统，为养分流向植物根部构建了物理结构，提供了适宜的化学、生物环境，支持养分流动，从而影响作物的养分吸收机制和吸收水平，调节养分向周围环境的渗漏（Peoples 等，2014）。

为了维护土壤的上述功能，我们有必要了解、重视和保护土壤过程。我们的健康依赖于食物生产和营养供给，因此离不开土壤过程。

1.1 土壤对植物的养分供给

土壤肥力是指土壤作为植物生长生境，提供植物必需的养分与有利的化学、物理和生物条件，从而维持植物生长的能力（图1-1）（粮农组织，2019c）。植物有赖于必需的养分才能完成生命周期（Hodges，2010）。

氮（N）、磷（P）、钾（P）等植物需求量较大的元素称为宏量营养元素，铁（Fe）、锰（Mn）和锌（Zn）等需求量较少的元素称为微量营养元素（详见表1-1）。土壤固相（图1-1）构成了植物必需养分的主要来源。土壤提

土壤肥力的完整概念

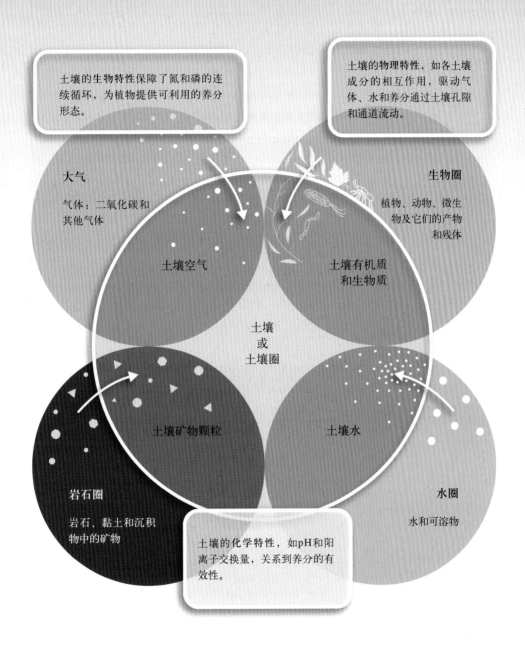

图1-1 土壤肥力的完整概念涵盖了物理、化学和生物特性,以及水、空气、矿物质和生物群等土壤成分的聚合。土壤性质与各种土壤成分(矿物质、水、空气和生物群)的相互作用为相关过程的连续性提供了条件,直接或间接地影响植物可利用的养分。本图中描述了其中的一些过程。

资料来源:整理自Weil R.R.和Brady N.C.。2017。《土壤与生活》(全球版)。哈洛:培生集团。

供了高等植物生长所需的15种矿物元素。这些元素只能以土壤溶液中矿物质的形式被植物吸收，需要经过土壤有机质矿化、生物循环及化学和物理转化才可被利用，也可以通过施肥直接获得。

表1-1 植物必需营养元素及其在植物组织内的含量

主要营养元素			
元素名称	元素符号	被植物利用的主要形态	植物体内含量（百分比范围，%）
氮	N	NH_4^+、NO_3^-	0.5~5
磷	P	HPO_4^{2-}、$H_2PO_4^-$	0.1~5
钾	K	K^+	0.5~5
钙	Ca	Ca^{2+}	0.05~5
镁	Mg	Mg^{2+}	0.1~1
硫	S	SO_4^{2-}	0.05~0.5
微量营养元素			
主要元素	元素符号	被植物利用的主要形态	毫克/千克
铁	Fe	Fe^{3+}、Fe^{2+}	50~1 000
锰	Mn	Mn、Mn^{2+}	20~200
锌	Zn	Zn^{2+}	10~100
铜	Cu	Cu^{2+}	2~20
硼	B	H_3BO_3（硼酸）	2~100
钼	Mo	Mo、MoO_4^{2-}	0.1~10
氯	Cl	Cl^-	100~10 000

资料来源：整理自Hodges S.C.。2010。北卡罗来纳认证作物咨询师培训教材：《土壤肥力概览》。"第一章 基本概念"。北卡罗来纳州立大学土壤学推广组。http://www2.mans.edu.eg/projects/heepf/ilppp/cources/12/pdf%20course/38/Nutrient%20Management%20for%20CCA.pdf；JonesJr. J.B.。2012。《植物营养和土壤肥力手册》（第二版）。纽约，CRC出版社。230页。https://doi.org/10.1201/b1157

维持作物的正常新陈代谢需要持续均衡的宏量和微量营养元素供给。尤斯图斯·冯·李比希（Justus von Liebig）和卡尔·施普伦格尔（Carl Sprengel）1840年提出了"最小养分律"，认为"植物的生长，取决于生长因子中相较于最优水平含量最低的因子"。缺少任何一种必需元素都会限制植物生长，缺少多种必需元素甚至可能导致植物生长完全停滞。

植物养分不仅应数量充足，还应以生物可利用的形态出现。生物利用率，即微量营养元素被吸收和利用的比率（Davidsson和Tanumihardjo，2012），取决于可被植物吸收营养元素的供给。例如，氮只能以硝态氮（NO_3^-）和铵态氮（NH_4^+）的形态通过质流被植物吸收。相反，钾只能以正价钾离子（K^+）的形态通过扩散作用被植物吸收（Bertsch，1995）。表1-2显示了可被植物吸收的更多土壤营养元素形态。此外，即使土壤中的养分供给充足，但如果没有良好的物理条件和生物性状，例如出现板结、积水、生物多样性降低、生物循环不佳等情况，养分也无法得到利用。因此，土壤肥力概念应该是一个广义的定义，需要涵盖影响植物营养的化学、物理和微生物等各个层面。

植物生长的18种必需元素中，有15种来自土壤，其余3种分别是碳（C）、氢（H）和氧（O），植物通过光合作用从大气中获取这3种元素（Hodge，2010；Jones，2012）。

表1-2 土壤养分在植物中的流动性、吸收形式及从土壤向植物根系迁移的机制

营养元素	吸收形式	代谢形式	在植物体内的流动性	从土壤向根系迁移的机制
氮	NO_3^-	NH_4^+	++	质流
	NH_4^+	NH_3		
	尿素	NH_2OH^-		
	酰胺			
	氨基酸			
磷	$H_2PO_4^-$	$H_2PO_4^-$	+	扩散
	HPO_4^{2-}	HPO_4^{2-}		
		PO_4^{3-}		
钾	K^+	K^+	++	扩散
钙	Ca^{2+}	Ca^{2+}		截留
				质流

（续）

营养元素	吸收形式	代谢形式	在植物体内的流动性	从土壤向根系迁移的机制
镁	Mg^{2+}	Mg^{2+}		截留
				质流
硫	SO_4^{2-}	S-H/S-S	±	质流
锰	Mn^{2+}	Mn^{2+}	±	质流
	螯合物			截留
锌	Zn^{2+}	Zn^{2+}	±	质流
	螯合物			截留
铜	Cu^{2+}	Cu^{2+}	−	质流
	$CuOH^+$			
	$CuCl$			
	螯合物			
铁	Fe^{2+}	Fe^{2+}	−	质流
	Fe^{3+}			
	螯合物			
硼	H_3BO_3		±	质流
	$H_2BO_3^-$			
	HBO_3^{2-}			
	BO_3^{3-}			
	$B(OH)_4^-$			
	$B_4O_7^{2-}$			
钼	MoO_4^{2-}		+	质流
	$HMoO^{4-}$			
氯	Cl^-		+	质流

资料来源：引自Bertsch F.。1995。《土壤肥力和管理》。哥斯达黎加圣何塞。哥斯达黎加土壤科学协会（ACCS）：43-117；Hodges S.C.。2010。北卡罗来纳州认证作物咨询师培训教材《土壤肥力基础知识》。"第一章 基本概念"。北卡罗来纳州立大学土壤学推广组。http://www2.mans.edu.eg/projects/heepf/ilppp/cources/12/pdf%20course/38/Nutrient%20Management%20for%20CCA.pdf；Jones Jr. J.B.。2012。《植物营养和土壤肥力手册》（第二版）。纽约，CRC出版社。230页，https://doi.org/10.1201/b1157

图1-2、图1-3和图1-4分别描绘了全球氮、磷、钾元素的循环。图1-2描绘了全球氮循环，包括氮元素的主要分布（方框）和迁移（箭头）情况。氮循环是氮元素在大气、土壤、微生物和植物体内的循环转化的过程。大气中约占78%体积的气体是氮气（N_2），是地球上最大的氮库，无论我们是否意识到，我们始终生活在富含氮气这种稳定气体的环境中（Erisman等，2008）。然而，由于空气中的氮气化学形态极其稳定，为非活性状态，其中的99%无法被地球上99%的生命形式利用（Galloway等，2003）。只有通过某些自然过程，如闪电和微生物的固氮作用，氮气才能转化为活性氮，即能够与环境中其他化学形态结合的氮形态。土壤生物多样性在这一过程中具有关键作用（Galloway等，2003）。活性氮包括氨气（NH_3）和铵离子（NH_4^+）等还原态氮，硝酸根离子（NO_3^-）、硝酸（HNO_3）、氮氧化物（NO_x）、氧化亚氮（N_2O）等无机氧化物，以及蛋白质、核酸等有机态氮（Groffman和Rossi Marshall，2013）。表1-3总结了氮循环的主要环节及循环过程中主要的活性氮和非活性氮。

表1-3　陆地生态系统氮循环的主要形式和过程

分布/化学形式	是否具有活性	要点
气态		
N_2	氮气（非活性）	氮在地球上的主要存在形式，占大气体积的78%
N_2O	氧化亚氮（活性）	一种温室气体，其全球增温潜势值为298，对平流层臭氧具有破坏性
NO	一氧化氮（活性）	有毒性，是对流层臭氧的前体物
NH_3	氨气（活性）	可被植物利用（溶解态），可能有毒性，易快速沉降
NO_x	因化石燃料燃烧和空气中化学反应产生的气体（活性）	可被植物利用（溶解态），会导致酸雨，易快速沉降
离子/溶解态		
NH_4^+	铵离子（活性）	可被植物利用
NO_2^-	亚硝酸根离子（活性）	有毒性，自然界中的含量普遍较低，可转化为硝酸根离子
NO_3^-	硝酸根离子（活性）	可被植物利用，容易淋失

（续）

分布/化学形式	是否具有活性	要点
离子/溶解态		
DON	溶解态有机氮（活性）	不同化学物质的混合物
循环环节		
$N_2 \to NH_3$	生物固氮	陆地生态系统中氮的主要来源
$N_2 \to NO_x$	非生物固氮	陆地生态系统中氮的来源之一
有机氮 $\to NH_4^+$	矿化	影响土壤中有效养分的供给
NH_4^+ 或 $NO_2^- \to$ 有机氮	固定作用	影响土壤中有效养分的供给
$NH_4^+ \to NO_2^-$、NO_3^-	硝化反应	影响土壤中氮的供给、反硝化反应和因淋失导致的氮流失
NO_3^-、$NO_2^- \to NO$、N_2O、N_2	反硝化反应	土壤氮流失的主要途径
$NO_3^- \to NH_3$	异化还原成铵（DNRA）	
$NH_4^+ + NO_2^- \to N_2$	厌氧氨氧化	

资料来源：整理自Weathers K.C.、Strayer D.L.和Likens G.E.。《生态系统科学基础知识》Groffman P.M.和Rosi-Marshall E.J.。2013。"第七章：氮循环"。137-158。美国学术出版社。https://doi.org/10.1016/B978-0-08-091680-4.00007-X

在自然状态下，固氮作用是氮进入陆地生态系统的主要途径。据观察，豆科植物和其他共生固氮生物每年的固氮量可达5～20克/平方米（Chapin等，2002）。人类活动加速了氮的迁移，主要方式包括生产和施用肥料、燃烧化石燃料和种植固氮作物（Galloway等，2003）。图1-2所示反硝化作用是氮从陆地生态系统流出的主要形式，占流出总量的60%以上（Chapin等，2002），通过生物化学作用将硝酸盐（NO_3^-）或亚硝酸盐（NO_2^-）还原成含氮气体，即氮气或氮氧化物。土壤中有机氮含量丰富，每公顷为2 000～6 000千克（Powlson，1993），有机氮的含量反映了土壤的类型和管理状况。黏土可以稳定土壤有机质，因此有机氮含量最高。一部分土壤有机质十分稳定，周转时间长达上百甚至上千年（Horward，2015），另一部分包括动植物残体在内的土壤有机质，只需几天或几周的时间就能被微生物分解，并产生二氧化碳（CO_2）和无机氮（Horward，2015）。

陆地氮循环

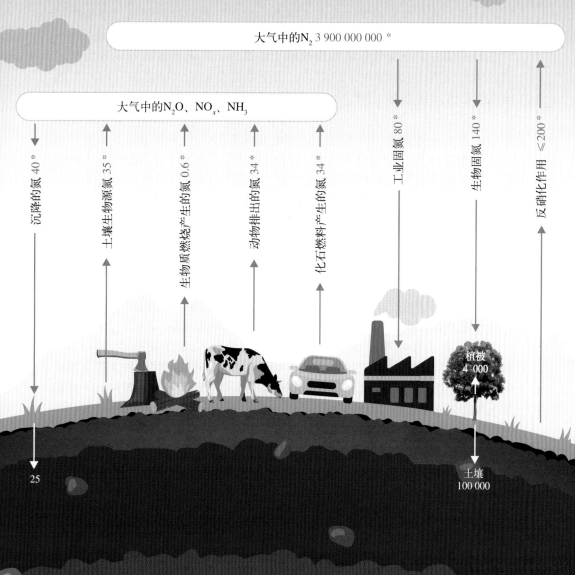

图1-2 全球陆地生态系统氮循环中氮元素的进入、流出和分布情况

※：太克/年（1太克=10^{12}克）

资料来源：整理自Chapin S.F.、Matson P.A.和Mooney H.A.。2002。《陆地生态系统学原理》"http://dx.doi.org/10.1007/978-1-4419-9504-9" 10.1007/978-1-4419-9504-9。Tian H.、Xu R.、Canadell J.G.、Thompson R.L.、Winiwarter W.、Suntharalingam P.、Davidson E.A.，等。2020。《全球氮氧化物来源和沉降综合量化分析》。自然，586（7828）：248-256。https://doi.org/10.1038/s41586-020-2780-0

硝态氮（NO_3^-）是植物吸收氮的主要形态，土壤中的硝化作用可以将NH_4^+转化为NO_2^-，进而转化为NO_3^-（Robertson和Groffman，2015）。硝态氮主要分布在土壤孔隙和土壤溶液中。然而，并非所有孔隙空间都有植物根系分布，没有被根系吸收或被土壤微生物利用的NO_3^-可能通过淋洗作用从土壤表层迁移到深层（Robertson和Groffman，2015），或以N_2O或NH_3等气态形式流失。淋洗是指矿物质溶解于渗滤水，并随渗滤水移动和流失，例如NO_3^-（Weil和Brady，2017）。由于携带负电荷，硝态氮（NO_3^-）的流动性远大于铵态氮（NH_4^+）。土壤矿物颗粒通常带有负电荷，能够吸引带正电荷的NH_4^+（Groffman和Rossi-Marshall，2013）。因此，硝化过程是影响水力相关氮流失的因素之一，也是氮流失的一个主要途径。氮流失另一个重要途径是反硝化作用，即通过生物化学反应将NO_3^-或NO_2^-还原为气态氮，生成氮气或N_2O等氮氧化物。在耕作土壤中，微生物参与的多种反应过程都可以产生氧化亚氮，但产生氧化亚氮最多的是反硝化作用。在大量使用化肥和粪肥的耕作土壤和水稻田中，反硝化作用尤其显著（Weil和Brady，2017）。硝化和反硝化反应受多个因素驱动，如土壤温度、孔隙含水情况，以及可利用的矿质氮和可溶性碳含量等（Zhang和Liu，2018）。动植物有机废弃物和排泄物的分解以及氮肥和尿素的使用会引起氨挥发，产生气态NH_3，造成氮的气态流失。如遇土壤pH升高、高温、土壤干裂，及砂质石灰性土壤等情况，NH_4^+的挥发作用更加显著（Weil和Brady，2017）。

磷元素零散分布于地壳中，土壤中很少出现高含量的磷（Weil和Brady，2017），通常需要经过磷灰石等土壤原生矿物的风化过程才能变为可利用形态（图1-3）。磷是一种稀缺和限制性养分（Elser等，2007），一些耕作土壤需要施用肥料或生物肥来补充磷。磷在土壤中最常见的形态是磷酸盐，包括PO_4^{3-}、HPO_4^{2-}、$H_2PO_4^-$和H_3PO_4，因此土壤中无论是无机、有机、溶解态还是颗粒态磷，几乎都以氧化物PO_4^{3-}的形式存在（Weil和Brady，2017）。

对磷的农艺管理中，最大挑战之一是如何促使土壤固相中被固定的磷转化为生物可利用形式。土壤中大部分含磷分子不可溶解，很难被植物吸收。如图1-3所示，在岩石风化释放出磷后，磷元素通常会经历吸附—解吸附（磷在土壤溶液和土壤固相之间的转换），溶解—沉淀（矿物质平衡），以及矿化—固定（无机态和有机态磷之间的生物转化）的循环过程（Weil和Brady，2017）。吸附作用促使磷酸盐离子附着在土壤胶体表面（Bennett和Schipanski，2013），在这一"固定"过程中，磷酸盐离子由溶解态或可交换态转化为不可溶解或不可交换态（Weil和Brady，2017）。沉淀反应会固定磷酸盐离子，将其转化为不易被利用的形态，具体形态主要取决于土壤的pH。在酸性土壤中，参与沉淀反应的主要是铝、铁和锰的氧化物离子及水合氧化物。当pH接近中性时，起吸附作用的主要是高岭石外缘和包被在高岭石黏土上的铝氧化物。在碱性和石灰性土壤中，沉淀反应形成的产物主要是各类磷酸钙矿物。

土壤中也含有肌醇磷酸和核酸等有机态磷。有机磷占土壤含磷总量的20%～80%，土壤中的磷通过矿化和固定作用不断循环（Weil和Brady，2017）。此外，土壤溶液中也含有极低浓度的磷，浓度水平大致在0.001毫克/升（贫瘠土壤）到1毫克/升（肥沃或大量施肥的土壤）。由于土壤溶液中溶解态磷的浓度很低，通过质流发生的迁移十分有限，因此磷的迁移主要通过土壤内部的扩散作用实现（由浓度差驱动磷通过土壤孔隙迁移）（表1-2）。上述过程都会影响土壤溶液和土壤固相中磷的浓度和含量，从而调节可被植物吸收和被微生物同化，以及向地表和地下水迁移的有效磷量（Bennett和Schipanski，2013）。

施肥是磷进入土壤的主要途径，每年有100万～150万吨磷通过施肥添加到土壤中，占陆地生态系统磷元素自然循环量的20%～30%（Chapin等，2002）。土壤中磷的主要流失途径是作物收割、侵蚀、地表径流（可带走颗粒态和溶解态磷）和淋失，气态磷的流失可忽略不计。

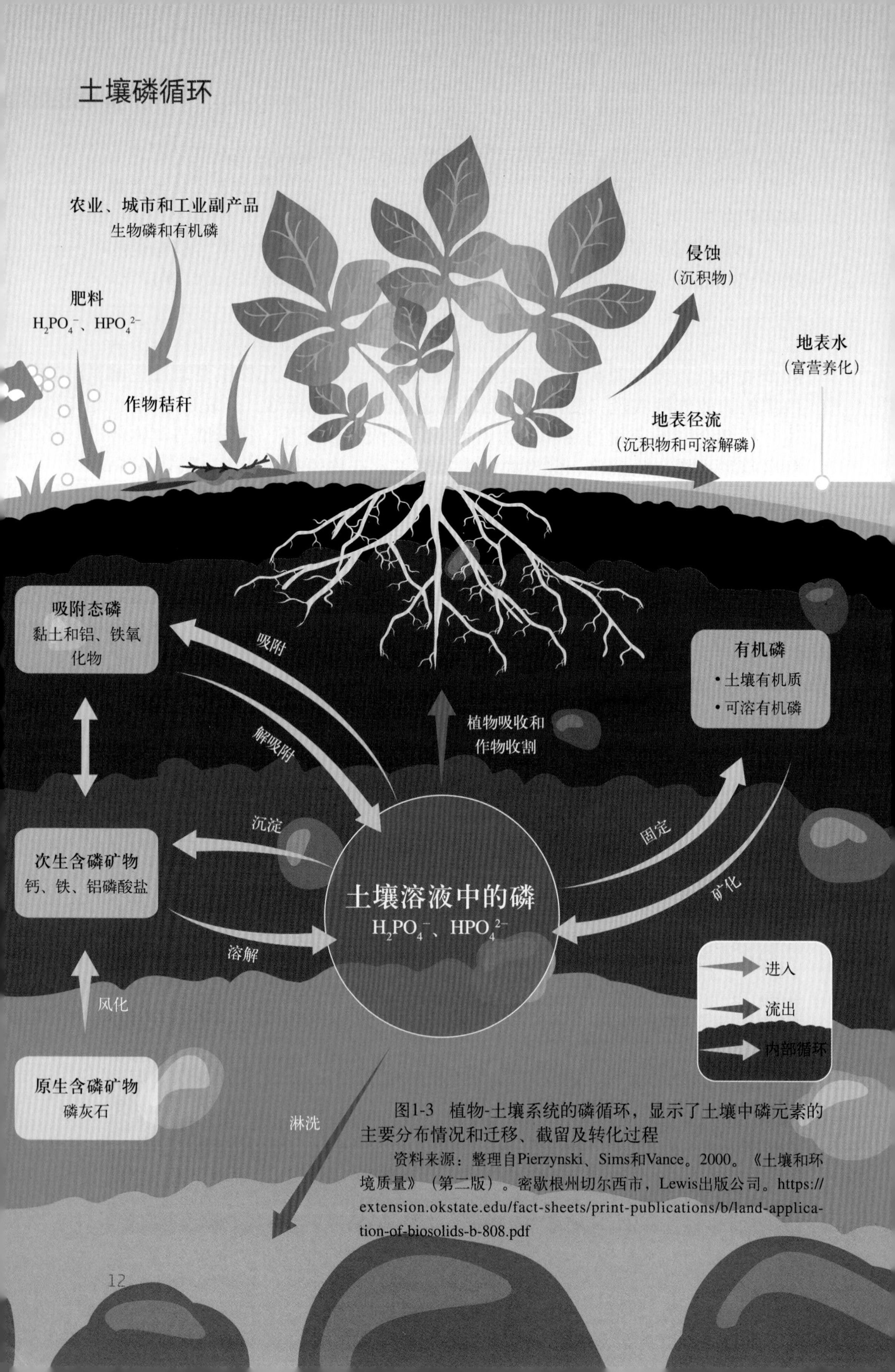

土壤磷循环

农业、城市和工业副产品
生物磷和有机磷

肥料
$H_2PO_4^-$、HPO_4^{2-}

作物秸秆

侵蚀
（沉积物）

地表水
（富营养化）

地表径流
（沉积物和可溶解磷）

吸附态磷
黏土和铝、铁氧化物

吸附

解吸附

有机磷
- 土壤有机质
- 可溶有机磷

植物吸收和作物收割

次生含磷矿物
钙、铁、铝磷酸盐

沉淀

固定

矿化

土壤溶液中的磷
$H_2PO_4^-$、HPO_4^{2-}

溶解

风化

进入

流出

内部循环

原生含磷矿物
磷灰石

淋洗

图1-3 植物-土壤系统的磷循环，显示了土壤中磷元素的主要分布情况和迁移、截留及转化过程

资料来源：整理自Pierzynski、Sims和Vance。2000。《土壤和环境质量》（第二版）。密歇根州切尔西市，Lewis出版公司。https://extension.okstate.edu/fact-sheets/print-publications/b/land-application-of-biosolids-b-808.pdf

虽然土壤钾含量不足全球钾储量的2%，但却是许多作物钾的来源（Brouder等，2021）。土壤中约98%的钾贮藏在原生矿物中，因此无法被植物和微生物利用。如图1-4所示，可被植物利用的钾仅占土壤钾含量的不到1%。绝大部分土壤中的钾主要以长石和云母的形态存在于原生矿物中。原生矿物中的钾占土壤含钾总量的90%~98%，植物无法吸收或只能极其缓慢地吸收这部分钾。此外，一部分钾贮藏在次生矿物中，不能参与交换（占土壤含钾总量的1%~10%），可以缓慢地被植物和微生物利用。土壤胶体表面的可交换态钾和水溶性钾可以被直接利用，分别仅占土壤含钾总量的1%~2%和不到0.2%（Weil和Brady，2017）。一些地区土壤中钾的流失量长期大于输入量，导致土壤和作物缺钾，因此，对这些地区土壤含钾情况的评估引起了更多关注。目前，人们对土壤中钾循环的基本机制和钾在动植物中作用的认识已经取得了长足进步。钾是作物、动物和人类必需的养分，但全球大部分人口的膳食无法满足对钾元素的最低需求。动物和人体缺钾的根源在于耕作土壤因钾元素枯竭而无法向作物提供足够的钾，从而导致动物和人类营养缺乏（Bhaskarachary，2011）。Brouder、Volenec和Murrell在2021年发表的论文中阐述了一系列关于土壤钾元素管理的挑战，包括：①土壤含钾量波动性大，实验室土壤分析与作物响应关系的校准不充分，导致钾肥使用建议不够准确；②作物生长和根系发育整个过程中，对钾的需求随作物遗传改变而变化，从而影响其对土壤中钾元素的需求和释放至土壤溶液中的钾；③由于缺乏土壤检测渠道，或实验室土壤和植物分析结果显示的相关性较低、实验校准和解读能力有限，一些地区放弃了检测土壤中的钾元素。此外，由于频繁收割作物加上缺少对土壤钾元素的补充，世界范围内出现了更多新的土壤缺钾地区。

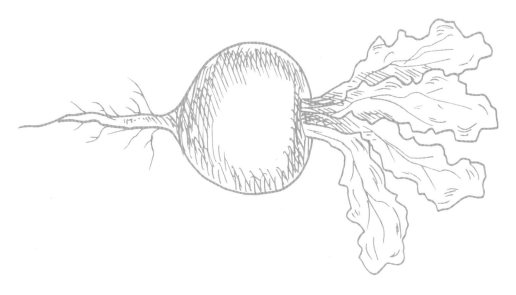

全球钾元素储量分布

大气
每年沉降进入土壤的钾为6.6亿吨

风

土壤

施用钾肥
2 800万吨/年

可被植物利用的钾
（土壤溶液中的钾和可交换态钾）
（占土壤含钾总量的0.01%~2%）

海洋

因侵蚀作用流失的钾随陆地水体流入海洋
14亿吨/年

海洋中钾的储量
5 528 860亿吨

钾肥储量
67亿~146亿吨

非交换态钾
577亿吨
（占土壤含钾总量的1%~10%）

原生矿物中的钾
37 730亿~76 620亿吨
（占土壤含钾总量的90%~98%）

图1-4 全球钾元素的分布和迁移

虽然土壤中钾的含量巨大，但仅有很小一部分可被植物直接利用，其余部分都以非交换态或原生矿物的形式存在。

资料来源：整理自Sardans J. 和 Peñuelas J.。2015。《钾：全球变革中被忽视的营养元素》。全球生态学和生物地理学，24（3）：261–275。https://doi.org/10.1111/geb.12259

土壤是在各种成土因素作用和母质风化作用下，经过数百或数千年形成的产物（Bowen，1979）。风化作用可将原生地质物质转化为构成土壤的化合物，是一个母岩和构成母岩的矿物质在物理、化学和生物作用下受到破坏的过程。这一过程可以生成新的土壤颗粒和次生矿物，并促使次生矿物释放养分（Weil和Brady，2017）。因此，母质中原生矿物的含量直接影响到土壤中宏量和微量营养元素的含量（表1-4）（Mitchell，1964）。各类型土壤中原生矿物形态的养分物质是形成次生矿物的基础（Singh和Schulze，2015）。次生矿物通过吸附—解吸附、溶解—沉淀及氧化—还原反应调节土壤中有效养分的主要生成机制。这些机制之间的相互作用十分活跃，并受到土壤微生物活动的显著影响（Horward，2015）。

表1-4 岩石中微量营养元素的含量（毫克/千克）

微量营养元素	花岗岩	玄武岩	石灰岩	砂岩	页岩
硼	15	5	20	35	100
铜	10	100	4	30	45
铁	27 000	86 000	3 800	9 800	4 700
锰	400	1 500	1 100	<100	850
钼	2	1	0.4	0.2	2.6
锌	40	100	20	6	95

资料来源：Stevenson F.J.和Cole M.A.。1999。《土壤中的循环：碳、氮、磷、硫和微量营养元素》（第二版）。约翰威立国际出版集团，霍博肯，448页。

土壤中的干物质（矿物质）占土壤总体积的95%～98%，而土壤有机质占总体积的2%～5%。然而，九种主要元素，即硅（Si）、氧（O）、铝（Al）、铁（Fe）、钛（Ti）、钙（Ca）、镁（Mg）、钠（Na）和钾（K）构成了土壤矿物成分的主体，约占总质量的99%。除此之外，包括关键微量营养元素在内其他的75种元素在土壤中的含量极低，仅占不到0.1%。其中一些元素在土壤中含量升高时会产生毒性，从而危害健康，例如铅（Pb）、镉（Cd）、汞（Hg）等。这往往是由人为污染造成的，但也有可能是自然因素引起的（Davies，1997）。

除含量之外，土壤中微量营养元素的化学形式也是影响其有效性、匮乏性和毒性的因素。微量营养元素可以无机态（硅酸盐、氧化物、硫化物）和有机态（微量营养元素和土壤有机质的螯合物）的形式存在于土壤中。表1-5列出了世界各区域矿质土壤中部分微量营养元素含量的范围及其在土壤溶液中的主要存在形式。

表1-5 矿质土壤中部分微量营养元素含量①的范围及其在土壤溶液中的常见形式

微量营养元素	区域			土壤溶液中的主要存在形式
	全球②	温带③	热带④	
镁	34.8	28.3	44.3	Mn^{2+}
锌	2.4	2.6	1.8	Zn^{2+}、$ZnOH^+$
铜	5.6	5.7	5.8	Cu^{2+}、$CuOH^+$
钼	0.2	0.3	0.2	MoO_4^{2-}、$HMoO_4^-$
硼	0.6	0.7	0.5	H_3BO_3、$H_2BO_3^-$

注：①微量营养元素单位为毫克/升；②来自21个国家1 635份样品的平均值；③来自5个国家1 244份样品的平均值；④来自16个国家391份样品的平均值。

资料来源：引自Sillanpää M.。1982。《微量营养元素和土壤养分状况全球调查报告》。粮农组织土壤公报0253。意大利罗马，粮农组织，458页。https://www.fao.org/publications/card/en/c/03daab96-5a01-4ef1-96a1-76ba6b1c9343/

整理自Davies B.E.。1997。《热带土壤中微量元素和微量营养元素的匮乏情况和毒性——认知短板和未来研究需求》。环境毒理学和化学，16（1）：75-83。https://doi.org/10.1002/etc.5620160108

虽然土壤可能含有大量养分，但其有效性可能受到多种因素的限制，例如，自然天然养分匮乏、养分被牢牢固定在土壤固相中，或者由于管理不当造成土壤退化等情况。《世界土壤资源状况报告》（粮农组织，2015）记述了不可持续的管理方式对土壤肥力造成的破坏程度。这类资源消耗和集约型农业生产方式（Lal，2009）损害了土壤生产力，并导致收获的作物严重缺乏养分。由于全球范围内的土壤退化，很多地区土壤肥力不断下降，作为植物、动物和人类赖以生存的基础，这些地区的土壤正在逐渐丧失为上述生物群体提供养分的能力。

1.2 土壤肥力流失和作物生产

土壤肥力取决于母质、气候、植被和土地用途等因素（Augusto等，2017）。纵观全球，既有天然土壤肥沃的地区，也有天然土壤贫瘠的地区。位于北美洲、欧亚大陆和南美洲中纬度的黑土地就是典型的天然土壤肥沃地区（图1-5）（Kravchenko等，2011；Liu等，2012；Rubio等，2019）。与此相反，其他一些地区天然土壤较为贫瘠，土壤有机质含量少且酸性较高（Barrett和Bevis，2015；粮农组织，2015）。严酷的气候（例如，极端寒冷或极端干旱）也会导致土壤养分水平降低。世界上大部分生态系统的发展受到氮或磷元素的制约。受氮元素制约的情况主要归因于气候影响，而在温带地区和土壤有机质含量中等至丰富的地区，气候影响相对较小。相反，磷对作物的制约受气候条件的影响较小，而更多地受到矿物特性、土壤类型和母质的影响（Augusto等，2017）。

尽管有些时候土壤肥力不足是自然形成的，但在其他情况下，土壤退化是导致土壤肥力下降或流失的主要原因，影响到全球土壤总量的33%（粮农组

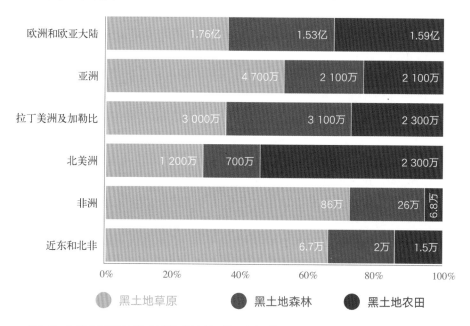

图1-5 全球各区域被黑土覆盖的陆地面积（公顷）
资料来源：整理自粮农组织。2022。《全球黑土地图》。意大利罗马，粮农组织。https://www.fao.org/documents/card/es/c/cc0236en/

织，2015）。土壤退化是主要由不可持续的管理方式造成的一系列现象，包括土壤侵蚀、土壤中有机碳减少及对生物多样性的影响、酸化、盐碱化、城市化、封闭及养分失衡等（粮农组织，2015）。伴随着每一次收获，农业系统都会流失养分，如果不对土壤进行可持续管理，土壤肥力就会逐渐流失。2010年，全球作物收获从土壤中带走的氮为73太克，而进入土壤的氮为161太克，当年土壤中的氮盈余86太克（Zhang等，2020）。氮的盈余反映了该营养元素利用率低的问题。据估计，氮的利用率从20世纪60年代的53%下降到了21世纪前10年的44%（Zhang等，2021），也就是说近一半的氮肥在施用当年未能被植物利用。就磷而言，尽管农业用地土壤的磷肥施用量在2002—2010年期间每年增长3%，但是全球32%的农田和43%的草地土壤仍然处于磷亏缺（Lun等，2018）。各区域情况不尽相同，美洲和欧洲部分地区的磷平衡为负值（例如，农业系统磷的净流失），而亚洲、大洋洲等地区土壤中的磷呈现净累积态势。

即使部分区域土壤中的氮和磷出现了盈余，其他一些地区仍存在氮和磷的亏缺，说明化肥施用亟待优化。人们通过使用化肥来应对自然条件下土壤养分含量低和因不可持续管理方式造成的土壤养分耗竭问题，但化肥施用不均衡的现象普遍存在。例如，在撒哈拉以南非洲的多数地区，人们能够获得的矿物氮肥有限，每年施用量为8~10千克/公顷，相比之下，许多发达国家的施用量是该数字的10倍（Vitousek等，2009）。据估计，全球土壤每年净亏缺5.5太克氮、2.3太克磷和12.2太克钾，此外，这些营养元素的全球每年生产性损失超过1太克（Tan等，2005）。

不可持续的管理方式、资源匮乏、能力建设落后及养分利用低效致使撒哈拉以南非洲地区土壤养分枯竭，作物产量低下，贫困多发，大量农户陷入脆弱和粮食不安全的境地。与此同时，当地农民化肥使用率低（Chianu等2011），土壤退化不断加剧，影响了土壤有机质、土壤pH和离子交换能力，使情况更加雪上加霜（Tully等，2015）。经过几十年的养分过度消耗，土壤肥力耗竭，致使该地区的粮食安全面临风险。南美洲部分地区化肥施用量大，同时，土壤养分流失量也很大，主要流失途径是土壤侵蚀和有机磷管理环节的磷流失。与此相反，欧盟东部地区因土壤侵蚀流失的养分较少，化肥的投入量也少（Alewell等，2020）。

磷的供给不仅对农田至关重要，对草原等其他生产系统亦是如此。人们利用天然和开辟的草场放牧牲畜，但却不施用矿物肥料。若要实现牧草产量增加80%以满足乳业和肉类产业的需求，同时保持土壤中磷的含量水平，2050年草地矿物肥和有机肥的施用量必须增长至2005年施用量的4倍以上（Sattari等，2016）。

土壤肥力下降不仅限于宏量营养元素的流失。土壤微量营养元素缺乏问题遍布全世界，全球土壤49%缺锌，31%缺硼，15%缺钼，10%缺锰，3%缺铁

（Sillanpää，1982，1990；Bowell和Ansah，1993；Graham，2008）。例如，非洲40%的土壤天然肥力较低，而养分过度消耗等土壤退化因素导致肥力进一步降低。撒哈拉以南非洲的一些地区，由于长期过度消耗土壤中的养分，致使土壤中微量营养元素严重匮乏（Nube和Voortman，2011）。缺锌土壤占印度全国土壤的47%（Rathore等，1980；Katyal和Vlek，1985）和地处东南亚的印度尼西亚全国土壤的29%（Welch等，1991）。不良土壤管理方式和土壤退化问题还凸显了食物营养价值不足的挑战。因此，推动食物生产体系的变革，包括实施可持续土壤管理，对生产高营养密度食物具有关键支持作用。"营养敏感型农业"是一种综合发展方式，包含不同路径，被认为是解决微量营养元素缺乏和相关健康问题的有效替代方案。

1.3 土壤肥力评估、制图和监测：掌握全球土壤养分收支状况

作物生产和其他人类活动引起的养分消耗加速极大地影响和改变了地球养分循环过程，尤其是氮和磷的循环过程（Sutton等，2013；Steffen等，2015）。尽管氮、磷及其他宏量和微量营养元素的作用十分关键，但其在气候变化、污染等全球挑战中的重要意义并未引起重视，公众对这些元素的关注度远低于对二氧化碳和非二氧化碳气体排放等其他环境变化驱动因素的关注。

土壤肥力不是静止不变的，它与土壤退化和肥力流失程度紧密相关。土壤制图和肥力模拟需建立在可靠土壤监测系统的基础上，该系统必须能够准确、适度、动态地反映真实的土壤条件。要进行土壤肥力的循证决策，必须掌握有关土壤养分现状、有效性和动态趋势的数据和信息。若要制定施肥计划，需要具体地块的数据信息；若要评估养分收支状况，制定政策建议及进行资源管理，则需要国家、区域和全球层面的数据信息。此外，监测数据和信息对制定土壤肥力和施用肥料的相关政策及措施也十分重要。了解土壤养分的现状和空间分布趋势是指导政策的关键，能够推动制定协调的、数据导向的政策，以缩小产量差距，减轻许多社区赖以生存的自然资源的压力。

长期以来，人们在量化土壤养分收支方面进行了不同的尝试。因此，关键在于要了解最新情况，掌握关于土壤养分供给(包括自然存在和人为添加的养分)的可靠信息和发展趋势，明确需要补足的短板，以更好地指导行动措施。近期，Heng等（2017）采用数字土壤制图方法，运用随机森林模型，以250米的分辨率对非洲土壤中的15种营养元素进行了预测（Wright和Ziegler，2016）。就钾元素而言，虽然全球70%陆地生态系统的生长受到钾元素的限制

（Sardans和Pañuelas，2015），但该元素全球空间分布的信息却相对较少。在研究钾的空间分布时，一个需要考虑的关键因素是分布的深度。

最近的研究结果显示，钾的垂直分布差异不明显。因此，如果不考虑20厘米深度以下的钾含量，可能会对土壤中的钾储量估计不足（Correndo等，2021）。

土壤肥力数据和信息是制定合理施肥建议的关键依据。此类决策和建议的基础是"4R"方法（"4R"养分管理法），即在正确的时间和位置，施用正确类型和用量的肥料。肥料行业创建了这一方法，用于指导世界诸多地区实施肥料最佳管理实践（Johnston和Bruulsema，2014）。Slaton等（2022）从美国土壤磷和钾的相关性和校准试验中提取了一组必要和有用的关键信息集合。Slaton及合作伙伴（2022）开发了一项肥料建议支持工具，其中包含一个国家数据库，用于支持基于土壤测试的养分管理辅助决策工具，同时也包含了世界各地的相似案例。此类信息可以支持模拟研究，而各类决策辅助系统的开发有助于提高农业效率，并改善因养分过度流失引起的环境问题。

Tziolas等（2021）分析了发展基于地球观测数据进行土壤制图技术的最有效措施。目前，该土壤制图方法在实施中最常见的阻碍主要涉及覆盖的区域和需要共享的数据，裸土识别阈值和土表状况，以及基础设施和能力。Tziolas等（2021）认为推动地球观测数据驱动土壤制图发展的最佳措施主要包括：①运用最新人工智能技术以提高代表性和可靠度；②协调统一标识数据集；③融合原位传感系统的数据；④持续提高传感器分辨率和改进地球观测数据处理；⑤加强政治和行政支持（例如，资金和可持续性等方面）。该土壤制图方法的主要缺点在于，可被大多数土壤养分管理利益相关方利用的成果较少，以及该方法在绘制土壤养分含量图方面的适用性不确定。

物联网（IoT）"是由智能物品构成的开放性综合网络，具有自动组织和共享信息、数据和资源的能力，能够根据情况和环境变化做出反应和采取行动"（Ashton，2009）。由于物联网可以及时响应，因此能够提高作物管理的便利性、降低成本并提升效率。目前，作物管理领域大部分问题尚待解决，物联网技术在作物管理中的应用正在不断拓展，包括在土壤肥力和化肥使用领域（Vitali等，2021）。此外，物联网已在气象、水资源供应、病虫害管理及温室气体排放等众多农业相关领域得到应用。在土壤肥力领域，该技术的应用实例包括使用土壤水分传感器来推断土壤养分含量信息，以及在田间摄像机上安装多光谱和高光谱相机传感器，用于观察作物营养状况等（Vitali等，2021）。然而，人们在期待物联网等工具的运用时也应保持谨慎。Vitali等（2021）认为"物联网热潮正在促使人们相信，许多更便宜的传感器可以增加数据的空间和时间粒度，相应的数据质量下降程度在可接受范围内，但是，数据（传感器）的可靠性对任何技术而言仍然具有基础性意义"。

2 土壤肥力对作物、动物和人类营养的作用

2.1 土壤肥力与人类健康

土壤以直接或间接方式对人类健康产生重大影响,既存在积极影响,也不乏负面影响。来自希腊和罗马文明时期的丰富史料可以证明土壤与人类健康息息相关。Keesstra等(2016)着重介绍了土壤科学与若干可持续发展目标之间的重要关系,阐释了土壤功能如何影响生态系统服务和人类福祉。Brevik和Sauer(2015)引用多篇过去十年间发表的文章,审视了我们对土壤和人类健康的认识情况。当前研究表明,土壤对人类健康的影响包括食物供应和质量(粮食安全)层面的,也包括引起人类暴露于多种污染物和病原的风险(Brevik, 2013; Burras等, 2013)。

土壤与人类健康研究的主题甚为广泛,其中主要课题之一即养分从土壤到人体的转移,转移路径可能是从土壤到植物再到人体,也可能从土壤经植物到动物再到人体,或是直接由土壤进入人体。土壤是人类和其他动物生长必需养分的主要来源(Mitchell和Burridge, 1979)。

Steffen等(2018)认为,采用土壤安全等策略能够确立整体性框架,进而使用跨学科方式探索土壤与人类健康相关课题。McBratney、Field和Koch(2014)提出了土壤安全的五个维度,均与人类健康挂钩(Brevik等, 2017)(表2-1)。

表2-1　土壤安全各维度与人类健康关联示例

土壤安全各维度	与人类健康的关联
1. 能力	生产充足食物
	向食物网络输送必要养分的能力
	清洁水资源供应等过程中土壤的废弃物过滤功能
2. 条件	向食物网络输送必要养分的能力
	是否存在潜在有害化学物质或生物
3. 资本	支撑人类健康的生态系统服务弥足珍贵
	对人类健康产生负面影响的土壤条件会造成损失
	土壤或土壤生物制成的药品可缩短病程或预防疾病，具有经济价值并节省成本
4. 联结	社会的土壤价值观影响着土壤的管理或处理方式，进而影响土壤条件
	风土观念展示了人类与出产其食物的土壤的一种联结方式，鼓励人们形成对土壤更为积极的看法并完善管理方式
	已证实接触健康土壤于人类健康有益
5. 制度	政府出资开展保护计划能够改善土质和水质，有利于人类健康
	联合国提出的可持续发展目标等非约束性举措能够从能力和条件维度改善土质和水质，进而促进人类健康

资料来源：整理自Brevik E.C.、Steffan J.J.、Burgess L.C.和Cerdà A.。2017。土壤安全与土壤对人类健康影响之间的联系。出自Field D.J.、Morgan C.L.S.和McBratney A.B.合编。《全球土壤安全》，261-274。土壤学进展。卡姆：斯普林格国际出版社。https://doi.org/10.1007/978-3-319-43394-3_24

　　土壤与人类健康的主要联系之一是营养不良。缺乏微量营养元素指的是膳食缺乏必要维生素和矿物质。微量营养元素能够促进人体合成正常生长所需的酶、激素和其他物质（世卫组织，2022）。缺乏微量营养元素是人口健康和发展的一大威胁，低收入国家儿童和孕妇受影响尤为严重（世卫组织，2022）。除营养不足外，缺乏微量营养元素还会引发其他健康问题，包括超重、肥胖、心血管疾病、某些癌症和糖尿病（世卫组织，2022）。人体对微量营养元素的需求量相比宏量营养元素来说微乎其微。为满足人体对主要微量营养元素的需求，应适当摄入铁、锌、钙、碘、维生素A、复合B族维生素和维生素C。当然，其他微量营养元素对人类和植物健康来说也十分重要，例如硒。

各种微量营养元素缺乏造成的健康问题不尽相同（表2-2），可能存在相互关联。例如：缺铁是造成贫血的主要元凶，多见于孕妇、年轻女性（15～19岁）和婴幼儿（世卫组织，2015）；缺锌会损害中枢神经、肠胃、免疫、表皮、生殖和骨骼系统功能（Jurowski等，2014）。据估计，2000年全球缺铁人口比例为50%，缺锌人口比例也十分接近（Cakmak，2002；Welch和Graham，2005；Alloy，2008）。事实上，微量营养元素缺乏已成为全球主要致病因素之一（Kenz和Graham，2013）。

表2-2 人体微量营养元素缺乏及其对人体健康的影响

微量营养元素	影响
铁（Fe）	贫血，运动和认知发育障碍，孕产妇死亡风险增加，早产，出生体重过低，精神不振
锌（Zn）	免疫系统减弱，容易感染，晕眩
碘（I）	新生儿脑损伤，智力下降
维生素A	视力严重损害，失明，学龄前儿童因腹泻和麻疹等常见感染导致重疾和死亡的风险增加，孕妇夜盲症，死亡风险升高

资料来源：整理自Wakeel A.、Farooq M.、Bashir K.和Ozturk L.。2018。微量营养元素营养不良与生物强化：最新进展和未来展望。《植物微量营养素利用效率》，225–243。https://doi.org/10.1016/B978-0-12-812104-7.00017-4

全球来看，营养不良的诱因除热量摄入不足外，还包括微量营养元素摄入不足或膳食贫乏，原因在于人类膳食主要来源仅为12种作物，占全球作物产量的75%（负责任植物营养科学委员会，2020）。2014年，美国农业部指出食物营养价值下降（表2-3），主要原因是品种变化，而一直以来育种工作只关注产量，导致产量和营养出现此消彼长的现象（Davis等，2004）。

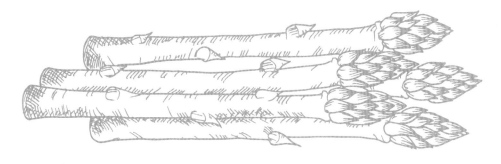

表2-3　1950—1999年43种作物营养价值平均下降情况

营养元素	百分比（%）
维生素C	15
维生素B_{12}	38
蛋白质	6
铁	15
钙	16
磷	9

资料来源：整理自Davis D.R.、Epp M.D.和Riordan H.D.。2004。《1950—1999年43种作物的美国农业部食物成分数据变化情况》。美国营养学院期刊，23(6)：669–682。https://doi.org/10.1080/07315724.2004.10719409

　　健康多样的膳食应包含水果、蔬菜、豆类和动物源食品（表2-4），但这对30亿人而言遥不可及（粮农组织、农发基金、儿基会、粮食署和世卫组织，2021）。在以上因素共同作用下，普遍缺乏微量营养元素的风险增加，患病率和死亡率攀升。整个食物生产链系统专注于增产，严重影响了作物营养价值（Miller和Welch，2013）。然而，长期食用健康膳食的成本比仅包含基本营养的膳食成本可高出60%，比通过摄入富含淀粉食物满足最低能量需求的膳食成本高出5倍左右（粮农组织、农发基金、儿基会、粮食署和世卫组织，2021）。

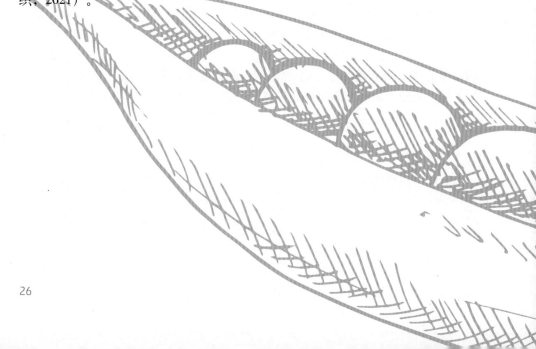

表2-4 均衡健康膳食营养价值构成中各食物组所占比例

营养指标	淀粉类主食	蔬菜和豆类	水果和坚果	肉类	乳品和蛋品	油脂	鱼类和水产品
能量	65.6	8.4	4.6	0.4	4.4	15.0	0.7
元素							
铁	60.1	31.8	4.1	2.1	0.4	0.1	1.2
锌	67.2	18.9	5.4	2.5	4.8		1.1
铜	47.8	22.3	7.7	20.7	0.5		0.8
硒	87.6	3.0	1.1	2.2	2.8		3.2
维生素							
维生素C	14.9	59.7	20.4	0.3	1.1		0.1
维生素A	3.3	48.1	0.5	39.3	8.1	0.2	0.5
维生素B_6	70.3	19.4	3.8	3.2	2.4		0.7
维生素B_{12}	0.2			73.6	9.7		16.5

资料来源：整理自Bai Y.、Alemu R.、Block S.A.、Headey D.和Masters W.A.。2021。《从零售价看营养膳食成本和负担能力：177国实证》。食品政策，99:101983。https://doi.org/10.1016/j.foodpol.2020.101983

儿基会、世卫组织和世行（2021）指出，约有一半5岁以下儿童的死亡与营养不良有关。粮食不安全和营养不良以不同方式影响人类健康（表2-5），例如饥饿和营养不足、肥胖和营养过剩以及微量营养元素缺乏相关疾病。

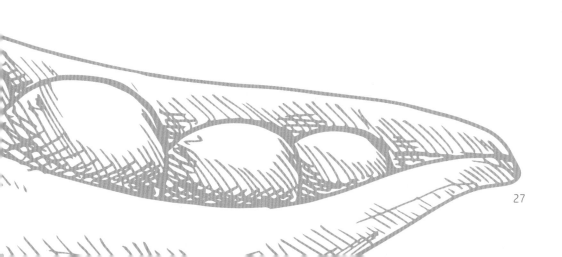

表2-5 2018—2020年全球食物不足和粮食不安全状况

区域	食物不足（%）	粮食不安全状况 （轻度或重度）（%）
全球	8.9	27.6
非洲	18.9	55.5
亚洲	8.2	23.6
拉丁美洲和加勒比地区	7.7	34.8
大洋洲	6.2	12.9
北美洲和欧洲	<2.5	8.0

资料来源：整理自粮农组织、农发基金、儿基会、粮食署和世卫组织。2021。2021年世界粮食安全和营养状况：实现粮食体系转型，保障粮食安全，改善营养，确保人人可负担健康膳食。《2021年世界粮食安全和营养状况》。意大利罗马，粮农组织。240页。https://doi.org/10.4060/cb4474zh

2.2 土壤肥力与作物营养

如果土壤养分不足，产出的植物自然也缺乏养分，最终导致人体缺乏养分。因土壤和作物缺乏养分而长期缺少微量营养元素会引发不易察觉的严重健康问题，即隐性饥饿，全球20多亿人深受其害（世卫组织，2016）。全球2/3左右的人口面临一种或多种必需矿物元素缺乏的风险（White和Broadley，2009）。造成营养不良或隐性饥饿的元凶之一是一味追求高产，这种不可持续的做法导致食物营养价值下降（Mayer等，2020）。多份研究表明，非洲土壤养分不足与人体营养缺乏之间存在密切联系。2017年，Cakmak、McLaughlin和White着重介绍了土壤缺锌与人体缺锌在地域上的一致性，指出两者存在高度相关性。其他一些研究表明，造成人体硒素水平极不稳定的因素之一是土壤类型对作物硒含量的影响，因此缺硒现象具有地域性（Belay等，2020）。土壤有机质含量、温度、pH和地形对作物微量营养元素含量的影响最为显著，并与谷物微量营养元素含量呈正相关。以上结果说明，土壤理化特征及生物学特征与作物微量营养元素含量关系密切（Gashu等，2021）。中东-西亚等区域情况复杂，干旱引起的农业单产低下、石灰性土壤广泛分布、土壤有机质含量低、化肥稀缺难以获取和土壤缺乏养分等多重因素导致了粮食不安全的威胁，土壤缺锌缺铁问题尤为显著（Ryan等，2013）。

土壤微量营养元素循环情况取决于多个土壤理化和生物指标，例如土壤

pH、氧化还原电位、与其他离子的相互作用、土壤矿物情况和有机质含量、微生物活性和多样性（Dhaliwal等，2019）。事实上，土壤理化和生物特性决定了影响土壤宏量和微量营养元素多寡的复杂过程和相互作用（Jones和Darrah，1994）。母质中原生矿物的含量直接影响着土壤养分（包括宏量和微量营养元素）含量（表1-4）。表1-4列出了世界不同区域矿质土壤中常见微量营养元素的含量范围及其在土壤溶液中的主要形态。通常，土壤黏粒（土壤次生矿物）含量越高，土壤胶体对带有正电荷的微量营养元素（Zn^{2+}、Fe^{2+}、Cu^{2+}、Mn^{2+}等）的吸持作用就越强，从而抑制淋洗作用（Kenz和Graham，2013）和养分流失。阳离子型微量营养元素含量一般随pH升高而降低，阴离子型微量营养素（Mo^-、Cl^-等）则正好相反。例如，在马拉维，耕种低pH土壤（酸性土壤）的农户80%以上膳食硒摄入不足，耕种石灰性土壤的农户这一比例则为55%。此外，在pH较低的非石灰性土壤地区，超过80%的最贫困农户存在钙、硒和锌摄入不足情况（Joy等，2015，2015a）。

土壤有机质在调节理化反应中发挥主导作用，而理化反应是农用土壤中微量营养元素的主要形成过程（Dhaliwal等，2019）。来自微生物活动和根系分泌物的有机化合物，即土壤有机质成分，可通过螯合反应与微量营养元素结合，形成更加稳定的微量营养元素螯合物（Neumann和Römheld，2012）。土壤有机质可以贡献20%~70%的土壤阳离子交换量，并增加微量营养元素含量（铁、锰、锌、铜和钴）（Stevenson，1994）（图2-1）。同样，土壤微生物可以产生有机酸（柠檬酸、酒石酸、苹果酸和α-酮葡萄糖酸），有机酸与土壤中的金属阳离子形成化学螯合物，最大程度减少潜在毒性（Stevenson和Cole，1999）。

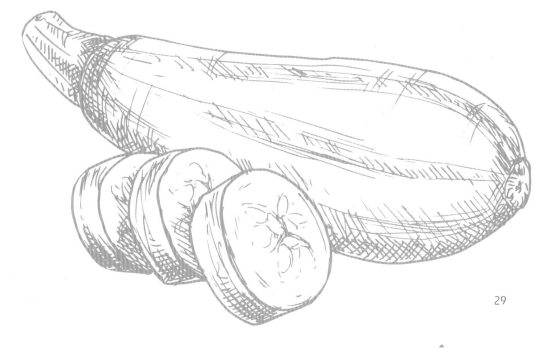

土壤阳离子交换能力

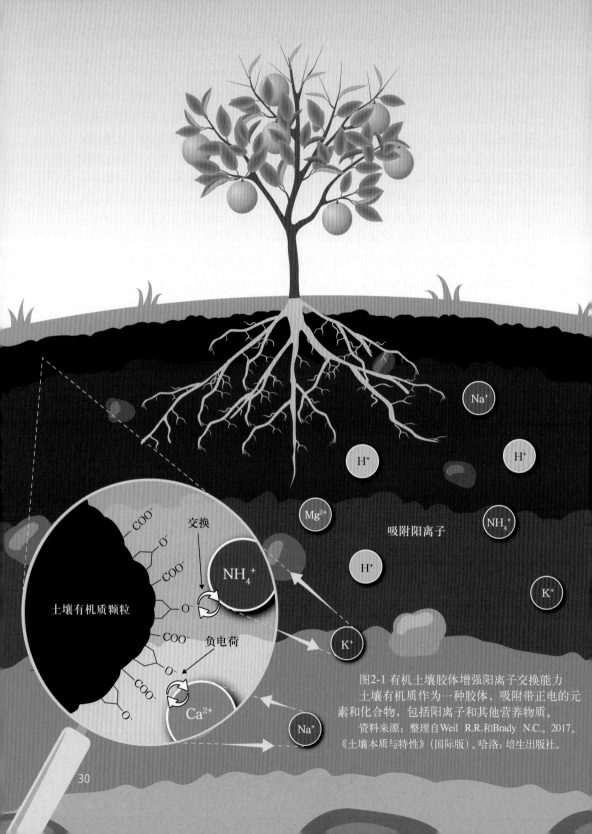

图2-1 有机土壤胶体增强阳离子交换能力
土壤有机质作为一种胶体，吸附带正电的元素和化合物，包括阳离子和其他营养物质。
资料来源：整理自Weil R.R.和Brady N.C.，2017.《土壤本质与特性》（国际版）。哈洛：培生出版社。

2.3 土壤宏量和微量营养元素含量提升策略与化肥在作物种植和作物营养中的作用

人们应深入认识养分含量、土壤性质和环境条件的调节过程，以便进一步利用知识，扩大其地理应用范围。唯有如此，才能真正做到有针对性地施肥，改善微量营养元素管理，促进土壤和人类健康。为解决有机和化学养分管理相关问题，不仅要完善基于数据的技术和科学知识，还需应对资源匮乏的问题。

提升微量营养元素含量的可行方式之一是单独或结合化肥使用有机改良剂，为土壤均衡施入微量营养元素（Mortvedt，1985；Malavolta，1996；Heisey和Mwangi，1996；Rengel等，1999；Graham，2008；Kihara等，2020；政府间气候变化专门委员会，2021）。例如，通过施用富锌尿素（3%），印度水稻营养价值提高了56%，单产提高了23%（Shivay等，2008）。土耳其谷物的锌富集含量也出现了类似效果（Cakmak，2009）。

非洲一份研究报告分析了锌肥对玉米增产的正面影响，并且指出，施用有机锌和无机锌不仅有利于谷物增产，而且对提升谷物营养质量的效用更明显，60%～80%的案例均可证明（Kihara等，2017）。除此之外，还能够抑制根部病原和根结线虫（Graham和Webb，1991）。

世界各地均通过施用微量营养元素肥料（主要是锌肥）提高了产量，但增产幅度差异较大（例如，锌肥的平均增产水平可达30%）（Mortvedt，1995；Cakmak，2008；Liew等，2010；Kihara等，2017，2020；Abdoli，2020）。津巴布韦改进土壤肥力管理措施后（包括有机和无机施肥措施），膳食缺锌问题从68%降至55%（Manzeke-Kangara等，2021）。该数字是采用先前一项研究数据，运用EXANTE计算方法得到的结果。该研究指出，获得有机营养元素资源的土地，其土壤有效锌浓度高出2倍。作者认为土壤有效锌含量与谷物含锌量存在正相关，使玉米平均含锌量达到25毫克/千克（Manzeke-Kangara等，2019）。

3 养分不当使用和过度使用对环境污染和气候变化的影响

3.1 养分不均：全球养分收支的困扰

衡量耕作系统的养分收支状况，即养分收入和支出，是保持土壤肥力和改善养分管理的重要步骤。养分支出包括作物收获等生产性支出以及流失到环境中的养分，耕作体系的养分储量受养分收入量和支出量之差的影响 (图3-1)。

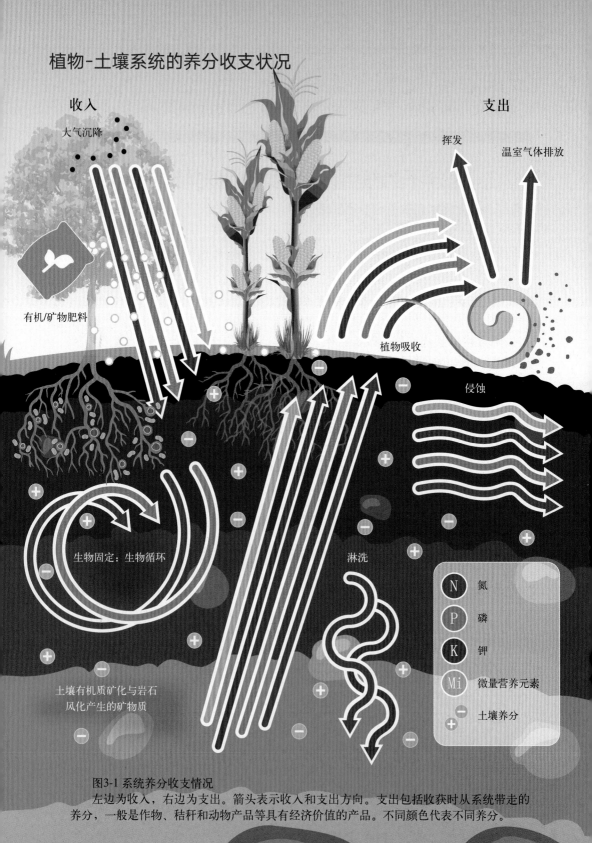

图3-1 系统养分收支情况

左边为收入,右边为支出。箭头表示收入和支出方向。支出包括收获时从系统带走的养分,一般是作物、秸秆和动物产品等具有经济价值的产品。不同颜色代表不同养分。

当收入（例如大气沉降、肥料）大于支出（例如淋洗、作物收获）或支出大于收入时，就会出现作物系统养分不均衡的情况。土壤养分不均衡是土壤退化的主要原因之一，会导致土壤养分枯竭，无法养活植物，或养分含量过高，形成对动植物有害的环境（图3-2）。为提高作物产量，第二次世界大战结束以来农田氮磷钾肥用量不断增加。施用氮磷钾肥防止了土壤养分枯竭，有些情况下甚至增加了土壤养分储量。然而，在撒哈拉以南非洲、拉丁美洲和亚洲等地的多个发展中国家，土壤氮磷损耗仍然是实现粮食安全的主要障碍之一。宏量元素流失并非是土壤养分枯竭的唯一原因，因为土壤微量元素减少的现象仍然普遍存在，而关注微量元素缺乏问题的全球性研究却屈指可数（Bouwman等，2017；Vitousek等，2009）。如若土壤养分不足，出产的饲草和作物也会缺乏养分，从而使动物和人类患上营养缺乏症。由于土壤肥力流失，如今蔬菜的维生素和养分水平已经无法与70年前相提并论，给人类健康带来风险（Colino，2022）。

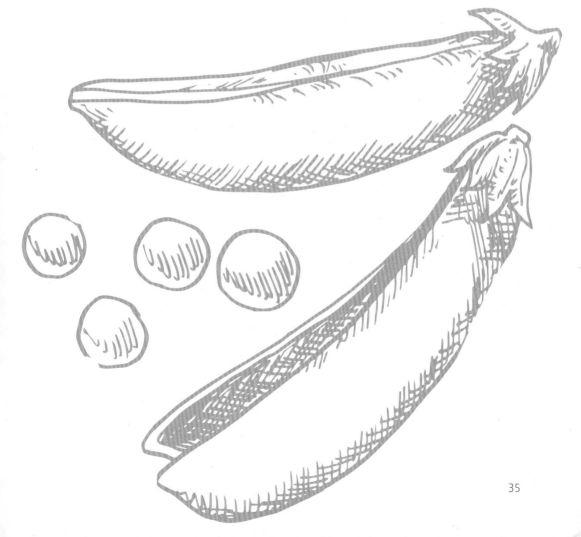

土壤养分失衡

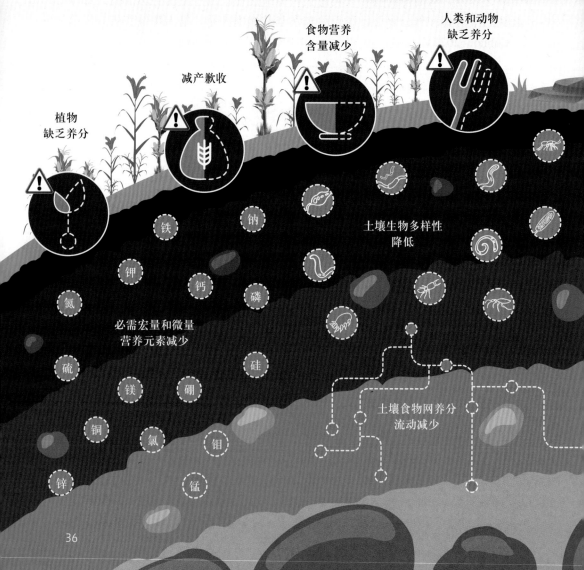

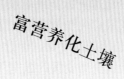

图3-2 土壤养分失衡对作物、动物和环境的影响

3.2 土壤营养元素过度使用和不当使用

农业土壤占地球无冰土地面积的38%，而农业土壤灌溉耗费了70%的淡水用量。过去50年间，化肥用量增加了5倍（Foley等，2011）。为实现集约化粮食生产，化肥施用必不可少，但过度使用已造成水污染、土壤污染及大气污染，同时也是导致全球变暖的温室气体的重要来源（Erisman等，2008）。

过度使用化肥会对生态系统稳定性及生态系统服务造成不利影响。氮磷等土壤养分为作物生长所必需，但一旦离开植物-土壤系统，则常常会成为环境污染物，回收难度大且成本高昂（图3-2）。全球科学界对这一现象的观点可以概括为"过犹不及"（Sutton等，2011），即化肥为人类社会带来了好处、不可或缺，但同时也威胁着人类和动物健康。

有全球性研究表明，氮磷循环对地球产生的严重影响与化肥过量使用有关。不可持续的高强度农业活动对环境影响之深已经危及地球系统的稳定性。氮磷的生物地球化学循环属于地球受人类活动影响最大的四个过程之一（Steffen等，2015），主要原因就在于不可持续的农业活动。进入陆地和水生生态系统的氮磷数量之巨导致这两个全球性循环均被改变（Stevens，2019；Elser和Bennett，2011；Sutton等，2020）。由于过量使用化肥，进入以上两个系统的氮素已经超出阈值，磷素也已达到阈值的一半（Röckstrom等，2009；Steffen等，2015）。

其他研究还表明，全球土壤氮磷投入呈增长趋势，且两种宏量元素利用率较低。例如，暗管排水农田收获之后，剩余氮素平均流失将近一半，最高可达85%（Greer和Pittelkow，2018；Lory和Scharf，2003）。根据全球氮磷肥收支情况统计（Lu和Tian，2017），自1961年以来，单位耕地面积的氮磷肥用量分别增加了8倍和3倍左右，而耕地扩张引起的化肥总量增幅更大。通过提高化肥利用效率并利用土壤中累积的剩余磷素，作物单产一直在不断提高。然而，养分过度活化遗留的相关风险也在20世纪70和80年代造成了严重污染和人类健康问题（Bouwman等，2017）。

化肥使用不平等是化肥不当使用问题如此复杂的原因之一。合成肥料使用主要集中在50个国家，而其余国家获取渠道有限，作物生产也因此颇为受限。近年来，高收入国家化肥用量并未减少（欧洲国家例外）。美国和西欧在20世纪60年代曾是农用氮肥使用大户，到21世纪早期则让位于东亚。磷肥使用方面，趋势十分相似，但磷肥消费大国目前还多了一个巴西。1961—2013年，全球化肥氮磷比（每平方米氮肥克数与磷肥克数比）保持着每十年增加0.8的增幅，长期来看或对农业生态系统功能产生全球性重要影响（Lu和

Tian，2017）。过去几十年，农民在耕作土壤中积累了大量残留磷素，最终或许能为植物所吸收。

磷矿储量并不充裕，剩余可使用年限已经引发关切。磷素与氮素不同，无法人工合成。肥料生产所用磷素是开采而来，属于不可再生自然资源。全球磷矿资源最丰富的国家主要有五个，多项研究预测，这些国家的磷矿将在2030年迎来开采高峰，而再过50~100年将消耗殆尽（Cordell等，2009）。然而，最近又有研究表明，磷矿储量尚不明确，有待采用全面评估方法完善储量估测（Scholz和Wellmer，2013）。以上结论与全球磷酸盐储量的重新评价结果不谋而合，也符合开采和加工效率随技术进步提高的趋势。效率提高表明磷矿储量能够维持更长时间。目前，农业生态系统中的磷素尚无化学或技术替代品，这导致我们十分依赖天然磷矿，并不得不物尽其用。

3.2.1 化肥过度使用和不当使用造成的土壤、水和大气污染

过度使用化肥会对土壤、淡水、地下水、大气以及陆地和水生系统生物多样性带来严重影响（Galloway等，2003）。连续种植作物以及化肥不当使用和过度使用会导致土壤有机质含量迅速下降、土壤结构变差和土壤酸化，从而影响有益生物，阻碍植物生长，引发土壤溶液pH变化和有害生物繁殖，甚至增加温室气体排放（图3-2）。

就土壤而言，氮肥过度施用会使土壤pH发生变化（通常为酸化），从而导致土壤微生物变化（Hickman等，2020）。生物活性降低后，土壤有机质循环、生物固氮作用以及与水分供应和气体交换相关的各种物理性状均会受到影响。由于过量施用氮肥，通过淋洗和地表径流损失的硝态氮不断增加，严重威胁人类健康并污染环境（Wang和Li，2019）。化肥施用的氮素约有一半以活性氮的形式流失到周围环境中（Delgado和Follet，2010）。以硝酸根离子形式出现的活性氮在水中很容易移动，因而易于扩散，可从最初施用地点游走较长距离，这一现象称为氮级联效应（Galloway等，2003）。硝酸根离子带负电荷，无法被同样带负电荷的胶体吸附，也就是多数土壤的主要成分，因而极易淋失。硝态氮淋失脱离农作体系会造成以下后果：

- 地下水污染，饮用水和地下水中经常检出硝酸盐污染物（Weil和Brady，2017）。
- 水质恶化，造成水生环境富营养化、含氧量降低、生物入侵和生物多样性丧失等难以逆转的严重问题（Schlesinger，2009）。
- 生物多样性不稳定和物种入侵。例如，大西洋中马尾藻大量繁殖，原因之一是位于西非和亚马孙河流域农作体系的养分投入增加，

导致排出体系的养分增加，对千里之外的地方产生了影响（Wang等，2019）。
- 人类活动导致的土壤酸化，因为大量施用氮肥能同时以直接和间接方式造成土壤酸化（Guo等，2010）。

过量施用氮肥还会造成大气污染。除了加剧气候变化，氮氧化物气体一旦进入大气层还会以其他方式影响环境，包括（Galloway等，2003）：
- 氮氧化物气体与挥发性有机污染物反应形成地面臭氧，而臭氧是城市地区形成光化学烟雾的主要空气污染物之一。
- 一氧化氮和氧化亚氮会促进硝酸形成，硝酸又是酸雨的主要成分之一。
- 氧化亚氮发生反应会破坏平流层臭氧，而臭氧起到阻挡太阳紫外线辐射以保护地球的作用。臭氧保护层破坏与皮肤癌病例数逐年攀升存在关联。

自20世纪中叶以来，陆地生态系统输入的磷素已经翻了两番（Falkowski等，2000），形成了从开采出的矿石向农作物的单向流动（Elser和Bennet，2011）。人类活动对全球磷循环产生的主要影响包括磷矿开采，以及通过化肥、动物饲料和洗涤剂实现的磷素全球再分配（Bennett和Schipanski，2013）。水土流失和土地用途改变，以及通过污水污泥排放和化粪池泄漏从陆地生态系统进入水生生态系统的磷素也对改变磷循环起了推波助澜的作用。人类活动每年以化肥和动物饲料的形式向土壤输入23太克磷，远远超过母质风化自然产生的15～20太克磷（MacDonald等，2011）。

目前，在利用土壤生物和藻类等基于自然的方法提高土壤中磷的溶解度方面已经取得一定进展，这些方法对富营养化也具有净化作用（Mau等，2021）。为减少氮磷输入造成的水生生态系统富营养化，目前已开发出多种创新技术，例如，使用生物废料生产有机肥（Chojnacka等，2020）、水产养殖投入品（Deng等，2021）或利用藻类生产生物燃料（Behera等，2015）。以上新技术表明，营养物质利用可以做到真正意义上的闭环，进而实现循环经济。

3.3 化肥过度使用和不当使用对气候变化的影响

氮肥是农业体系最主要的氮素来源之一，农业土壤直接和间接排放的大量氧化亚氮即来自氮肥（图3-3）。氧化亚氮这一温室气体主要源于农业土壤，虽然在大气中的浓度低于二氧化碳，但其全球增温潜势值却比后者足足高出298。也就是说，氧化亚氮吸收地球红外辐射能量的能力十分强大，能够加剧全球变暖（政府间气候变化专门委员会，2021）。地球人类活动排放的氧化亚氮已达每年7.3太克，其中一半左右源自农业活动（图3-3），其罪魁祸首是农田氮素输入（Tian等，2020）。合成氮肥是农田氮素的主要来源，随后以氧化亚氮的形式排放。然而，有机肥的不当和过度使用、畜牧养殖的粪尿、有机作物残茬和土壤有机质分解也会显著增加氧化亚氮排放量。

农田的氧化亚氮排放会影响关系气候变化减缓的其他土壤过程，如土壤有机碳封存。一项元分析（Guenet等，2021）表明，如果不考虑相关氧化亚氮排放，通常会高估增加土壤有机碳储量的气候变化减缓效果。由于氧化亚氮的全球增温潜势值很高，其排放量即使发生微小变化也可能抵消土壤有机碳增量和大气二氧化碳减排量带来的效果（粮农组织，2021）。有报告表明，通过免耕作物碳封存减少的二氧化碳排放量有56%～61%被氧化亚氮排放抵消（Grandy和Robertson，2006）。

全球陆地人类活动的氧化亚氮排放情况

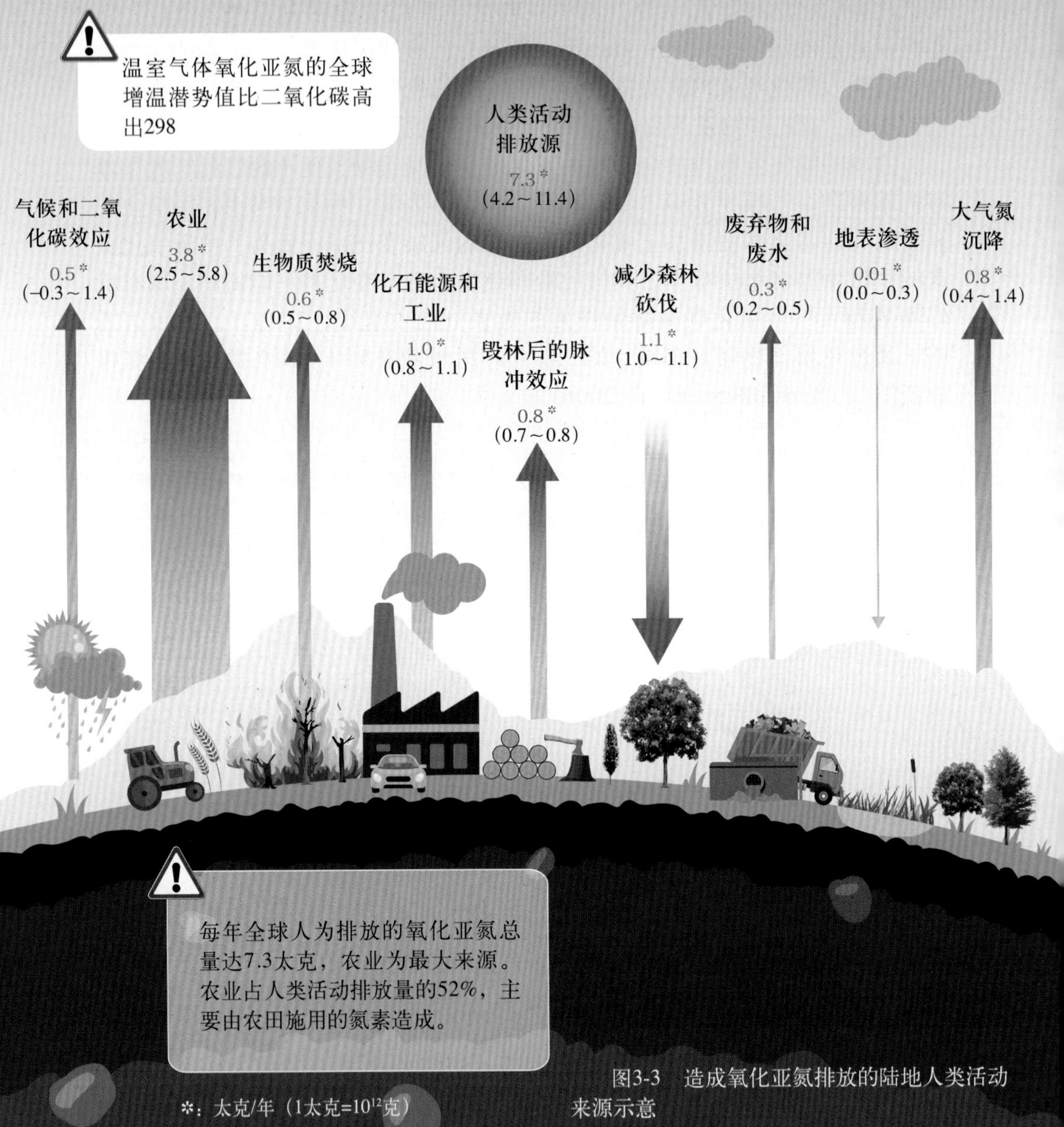

 温室气体氧化亚氮的全球增温潜势值比二氧化碳高出298

人类活动排放源
7.3*
(4.2~11.4)

气候和二氧化碳效应
0.5*
(−0.3~1.4)

农业
3.8*
(2.5~5.8)

生物质焚烧
0.6*
(0.5~0.8)

化石能源和工业
1.0*
(0.8~1.1)

毁林后的脉冲效应
0.8*
(0.7~0.8)

减少森林砍伐
1.1*
(1.0~1.1)

废弃物和废水
0.3*
(0.2~0.5)

地表渗透
0.01*
(0.0~0.3)

大气氮沉降
0.8*
(0.4~1.4)

⚠ 每年全球人为排放的氧化亚氮总量达7.3太克,农业为最大来源。农业占人类活动排放量的52%,主要由农田施用的氮素造成。

*：太克/年（1太克=10^{12}克）

图3-3 造成氧化亚氮排放的陆地人类活动来源示意

资料来源：整理自Tian H.、Xu R.、Canadell J.G.、Thompson R.L.、Winiwarter W.、Suntharalingam P.、Davidson E.A.、等。2020.《全面量化全球氧化亚氮的源和汇》。自然，586（7828）：248–256。https://doi.org/10.1038/s41586-020-2780-0

3.4 肥料质量及其在食品安全、人类健康和污染中发挥的作用

肥料使用（包括矿物肥和有机肥）对人类健康和环境健康的风险很大程度上取决于肥料原料的来源。以矿物肥为例，用于肥料生产的母质中是否存在污染元素与矿区是否存在自然和人为污染元素有关。某些磷矿的磷酸盐矿石富含镉和其他污染物，通常存在污染风险（Khan等，2018）。

磷矿石开采过程中，放射性核素和微量元素会发生迁移，包括砷、镉、铬、铅、汞、氟、铀、镭和钍等（Reta等，2018）。含有这些元素的有害化合物通过磷肥转移到土壤中，然后进入植物和食物链（Pan等，2010）。其他风险由施肥地点的土壤特性决定：酸性土壤能提高部分微量元素（铁、锰、铜、锌等）和重金属的生物有效性（图3-4），风险通常更高。除土壤特性外，据观察，长期施用磷肥会增加土壤中铜、锌和镉的浓度。磷矿石镉含量并不一致，取决于矿石类型。沉积岩镉含量可达150毫克/克，远远高于岩浆岩的2毫克/千克。全球磷肥85%出自沉积岩（Van Kauwenbergh，2010），这表明应重点推进创新，提高农田磷素利用率。

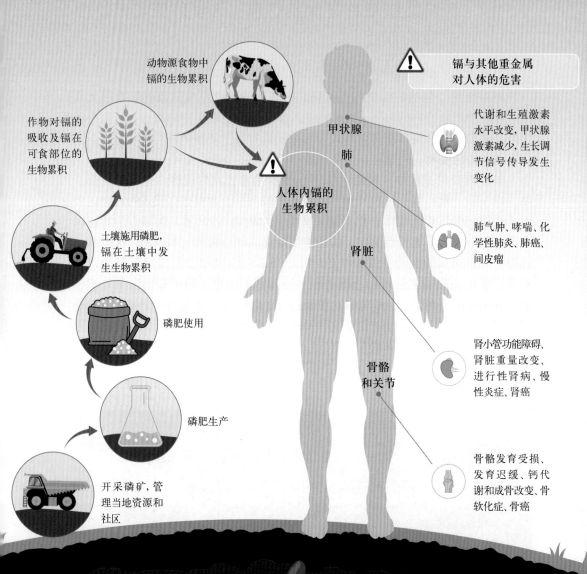

图3-4 镉在磷肥和土壤中的生命周期

镉进入土壤并发生生物累积，随后进入人体并影响人体健康，尤其是甲状腺、肾脏和骨骼系统功能。

资料来源：整理自Opera研究，2021。《磷肥中的镉限量》。https://operaresearch.eu/wp-content/uploads/2019/11/EN_WEB_Cadmium-threshold-in-phosphorous-fertilizers.pdf

粮农组织和联合国环境规划署。2021。《全球土壤污染评估：决策者摘要》。意大利罗马，粮农组织。84页。https://doi.org/10.4060/cb4827en

• 3 养分不当使用和过度使用对环境污染

使用有机肥并非零风险,尤其是原料来自工业、生物或家庭垃圾或城市污泥的有机肥。建议对以上类型肥料进行分析,确定是否存在可能转移至人体或食物链的污染物。最为常见的污染物是铅、铬、镉和汞等重金属,来自石油、炼油厂和农药行业等来源的有机化学品,或土壤和水中的高持久性病原体等生物污染物。各国均将(或应将)以上污染物列入监管范围,并通过明确标准区分适合施用、有一定使用限制或因风险等级直接定为有害垃圾须送往最终处置地点的肥料或产品(Mayer和Wang,2018)。有机和矿物肥、有机改良剂和石灰石中可能含有铬,主要见于含有鞣制淤渣(100~99 000毫克/千克)、城市污泥(8~40 600毫克/千克)、城市固体废弃物堆肥(1.8~5 000毫克/千克)和磷肥(66~245毫克/千克)的肥料(Soler Rovira等,1997)。

《肥料可持续使用和管理国际行为规范》(以下简称《肥料规范》)(粮农组织,2019c)为利用、储存和处理循环营养物质及其安全性提供了相关建议。该规范提供了可因地制宜调整的框架和一系列自愿性做法,能够服务与肥料有直接或间接关联的利益相关方,满足其不同需求(图3-5)。针对营养物质再利用和循环利用,《肥料规范》建议鼓励开展关于净化城市污泥和其他循环来源的科学研究和技术开发。此外,还应促进政府、行业、学术界、土地管理机构和农民等主要利益相关方就营养物质在农业领域的循环利用开展知识和信息交流。

©粮农组织/ Matteo Sala

《肥料可持续使用和管理国际行为规范》

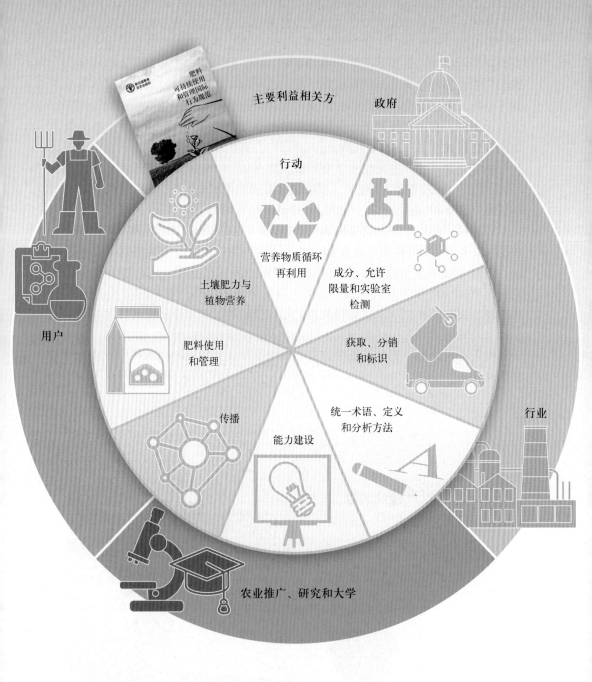

图3-5 《肥料可持续使用和管理国际行为规范》

《肥料规范》是应对复杂问题的综合性处理方式。该文书为参与肥料使用的直接和间接利益相关方提出建议。

由于劣质肥料可能对土壤、动物和人类健康以及整个环境产生严重负面影响，肥料质量评估是实现可持续土壤管理的重要课题。肥料质量及生物有效性可确保肥料与回收利用的营养物质符合质量安全标准。应在国家层面开展肥料质量评估和监测。全球土壤伙伴关系发起了一项全球性举措，通过"国际肥料分析网络"评估肥料质量。该网络重点通过提升肥料分析实验室能力和完善质量标准，为提高肥料使用可持续性提供支持。

3.5 提高养分利用效率的方式

3.5.1 土壤肥力综合管理

土壤肥力综合管理一方面能够实现作物增产，另一方面可以通过肥料的巧妙综合利用、有机资源回收、响应性强的作物品种和农艺方法改良来保障土壤肥力长期可持续利用。如此多措并举，能够最大限度减少养分流失，并提高作物养分利用效率。根据Vanlauwe等（2015）提出的实用定义，土壤肥力综合管理包含一整套土壤肥力管理措施，其中当然也包括使用肥料、有机投入品和良种，以及因地制宜采取以上做法的相应知识，目的在于最大程度提高施用养分的农艺利用效率且提高作物产量。所有投入品均应按照合理的农艺原则加以管理。土壤肥力综合管理方法主要在撒哈拉以南非洲应用，当地需要改良农艺方法，在不同时期不同地域综合使用各类干预措施。

图3-6展现了撒哈拉以南非洲50多年来技术研发的愿景和内容。该图展示了多项技术开发、评价和验证，以及吸收、采用和影响评估的大致阶段。纵观这段历程，人们力图用生产力更高的新系统取代陈旧过时的生产系统，从耕作、土地清理和肥料使用这些初步工作中可见一斑（Vanlauwe等，2017）。

土壤肥力综合管理的技术变迁

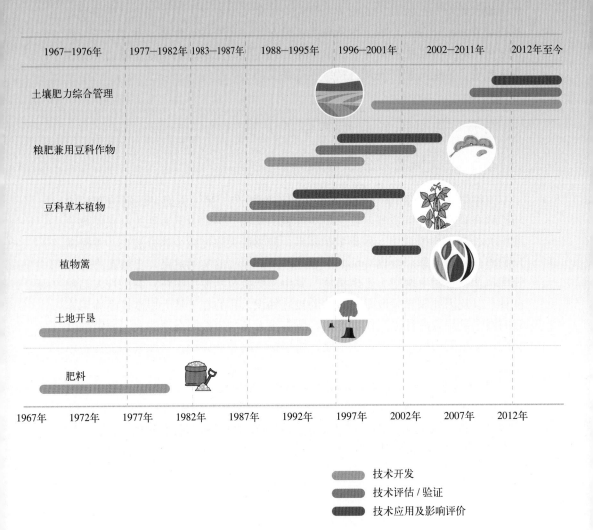

图 3-6 1967年以来，国际热带农业研究所土壤肥力研究重点关注的技术及措施
资料来源：整理自Vanlauwe B.、AbdelGadir A.H.、Adewopo J.，等。2017。《回顾与展望：撒哈拉以南非洲土壤及土壤肥力管理50年研究综述》。国际农业可持续发展期刊，15（6）：613-631。https://doi.org/10.1080/14735903.2017.1393038

土壤管理举措应致力于提供整体解决方案,涵盖价值链上关系综合土壤肥力管理的所有生物物理及社会经济考量,并创造有利的应用环境,促进方案的实施。改良土壤肥力的措施应更加多元,除施用无机肥料外,还应利用一切无机与有机养分,采用生物物理与社会经济因素并重的耕作体系(Stewart等,2020)。

农民的能力建设是实施土壤肥力综合管理战略不可或缺的行动,而"全球土壤医生计划"便是通过不同模块,培训农民可持续土壤养分管理及肥料使用良好做法的示范项目(插文1)。它与其他能力建设项目相辅相成,帮助农民认识到土壤的物理、化学及生物特性对土壤养分(包括微量营养元素)的供给与循环起决定性作用,以便更好地评估肥料需求。

插文1 | 全球土壤医生计划:提升农民可持续土壤养分管理能力

通过可持续养分管理维持乃至提高土壤肥力对实现今世后代的粮食安全至关重要。提升土壤肥力与作物产量的措施须注重土壤健康,但往往被政策制定者与农民(终端用户)忽视。因此,有必要开展专项行动提高人们的认识——土壤退化将阻碍作物吸收养分,影响作物对养分添加的反应,造成土壤养分流失。

"全球土壤医生计划"始于2020年,是一项"用农民培训农民"的倡议,以针对性的教育手段帮助农民掌握可持续土壤管理的原则与措施。

该计划源于"农民田间学校"培训模式（粮农组织，2021），强调可持续土壤管理有助于扭转日益严峻的土壤退化趋势。该计划围绕土壤养分管理与肥力设计了不同模块，每个模块既有理论，也有实践。

培训材料通过一系列海报解释了土壤物理、化学和生物特性对于提升土壤养分供给的重要意义。培训还设计了诸多田间学习活动，引导农民用简单的步骤和常见的工具对土壤条件进行定性评估。每个模块的结束部分会根据土壤总体条件的最终评估结果提出切实可行的建议。

"全球土壤医生计划"典型案例：玻利维亚

2022年3月，玻利维亚开始实施土壤肥力能力建设模块，目的是支持相关组织技术人员和生产者工作，提高当地农民管理农林复合生产系统的能力。

模块1重点关注土壤酸碱度与有机质对养分供应的影响。事实上，酸碱度与有机质含量会大大影响土壤肥力。

该模块设置了一项田间学习活动，辅以实验室土壤分析，帮助农民了解制约土壤中可利用养分的因素。当地的优良做法与土壤医生的个人经验大大丰富了项目内容，促进了项目在国家层面的实施。今后，还将开发模块2，重点关注肥料的审慎使用，以提升健康土壤平衡养分供给和作物需求的能力，实现自然生态系统平衡，避免出现养分不足或过量。

©粮农组织，2019

3.5.2 基于自然的解决方案：利用土壤微生物减少肥料施用的外部性

基于自然的解决方案是通过保护、可持续地管理和修复自然及人工生态系统，高效、灵活地应对社会发展的挑战，从而增进人类福祉，促进生物多样性。此类方案通过模拟自然过程，依靠生态系统的正常运行来保障粮食与生计安全，促进健康膳食和更具包容性的农村经济（Arnés-García和Santivañez，2021）。此类方案还通过本土化、系统性的干预手段，提高资源利用效率，将更丰富的自然要素和自然过程融入城市、陆地景观与海洋景观。人们普遍认为，基于自然的解决方案有助于促进生物多样性并提升生态系统的服务功能。

固氮生物分类

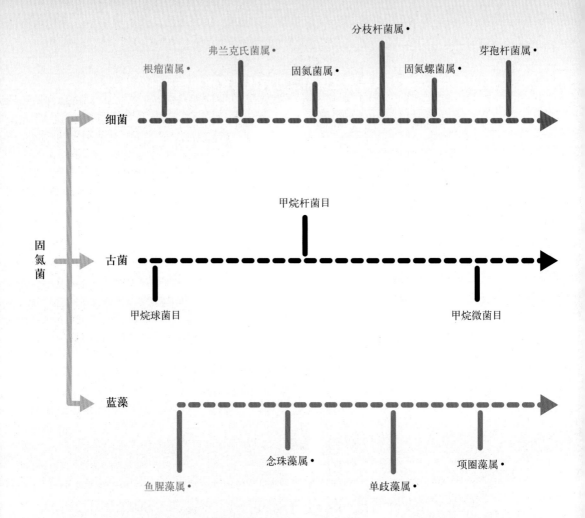

图3-7 固氮生物分类（含部分主要属）
红色为共生固氮微生物，黑色为自生固氮微生物目或属。
资料来源：整理自Soumare A.、Diedhiou A.G.、Thuita M.，等。2020。《生物固氮：实现可持续农业的途径》。植物，9（8）：1011。https://doi.org/10.3390/plants9081011

基于自然的解决方案可以通过多种途径改善土壤肥力，提高土壤养分含量，包括利用生物固氮作用捕获大气中的氮素。目前常用的固氮生物是豆类等共生植物，但地球上至少有13个属的原核生物都能固氮（图3-7）。生物固氮是避免过量使用化学氮肥的主要手段。事实上，地球上超过60%的固定态氮都来自生物固氮作用。因此，随着全球人口日益增长，在农业领域更好地利用生物固氮对于解决粮食生产需求刻不容缓（Soumare等，2020）。基于自然的解决方案还包括利用土壤中的多样生物将难溶性磷转化为水溶性磷，增加植物的吸收利用率，利用微生物修复因过度使用化肥、粪肥受到污染和含有有害物质的土壤和水体（环境污染），以及利用生物肥料减轻气候变化影响等。

更多关于利用土壤生物多样性改善土壤肥力和健康状况的范例，请参阅《土壤生物多样性知识现状》（粮农组织、政府间土壤技术小组、全球土壤生物多样性倡议、生物多样性公约和欧盟委员会，2020）。该书详细阐述了利用土壤微生物改善和恢复土壤肥力的各类措施。

利用生物技术修复受污染农业土壤已取得诸多成效。相较传统方法，植物修复技术具有经济、环保、美观等优点，已成为前景光明的替代方案。以自然条件下植物对一或多种金属的吸收能力作为衡量标准，目前已经发现了约500种超富集植物（Li等，2019）。几乎在所有气候或经济社会条件下，植物修复和粮食生产相结合的做法适用于治理大多数污染物，但其应用目前还面临产后技术落后、土壤治理水平较低等诸多挑战（Haller和Jonsson，2020）。

生物修复技术可以有效清理环境中的持久性有机污染物。数十年间，科学界对微生物和各类污染物间的相互作用有了更深的认识，帮助减少了环境污染。传统生物修复技术在应用方面受到诸多限制，因此，急需探索新的生物技术以达到最佳修复效果（Mishra等，2021）。若要对土壤污染、影响和解决方案有更全面的了解，请查阅《全球土壤污染评估》（粮农组织和联合国环境署，2021）。

考虑到目前面临的土壤磷储量急速减少、氮利用率亟待提高问题，生物肥料是最有效且能可持续提升土壤养分含量的基于自然的解决方案（Schütz等，2018）。根据《肥料规范》的定义，生物肥料为含有一种或多种活体或休眠微生物（例如细菌、真菌、放线菌和藻类）的产品统称，一经施用，有助于大气固氮或溶解和调用土壤养分（粮农组织，2019c），尤其可以提高磷、钾等养分的有效态含量。土壤真菌和植物根系形成的共生体称为菌根（Sattar等，2019；Bhatt等，2021）。作为根系的延伸，菌丝网络扩大了根系的有效吸收面积，有助于植物吸收养分、促进生长和提高产量（Etesami，2020）。Schütz

等（2018）汇总了171篇经同行评议的论文，对生物肥料在提升作物产量、氮/磷利用率等方面的收益进行了量化分析，发现土壤有效磷含量偏低的时候，生物肥料的增产效果普遍较小，但随着有效磷含量增加，增产效果也随之增加。将生物肥料按增产效果由低到高排序分别是丛枝菌根真菌、溶磷菌、固氮菌。分析还表明，土壤有机质含量较低、酸碱度呈中性时，接种丛枝菌根真菌的成功率更高。除土壤的物理和化学特性外，气候条件也有很大影响，生物肥料在干燥环境下的表现要优于其他气候条件（Schütz等，2018）。研究表明，施用生物肥料不仅可以提高土壤养分含量，还能改善土壤健康，因为生物肥料可以直接抑制病原体（如镰刀菌），或通过改变土壤原有微生物菌群抑制拮抗作用（Zhang等，2020）。除了微生物和宿主植物对生物肥料的施用效果起不可忽视的作用，土壤条件及管理情况，尤其是可持续土壤管理状况和有机质含量也会大大影响施用效果，因为微生物菌群受到土壤理化性质的重大影响（Tosi等，2020）。就土壤而言，影响生物肥料施用效果的最大挑战主要包括生物负反馈作用（如与土壤原有微生物群发生竞争）、随时变化的土壤理化性质（酸碱度、土壤有机质含量、养分状况）及与其他农业措施（施用农药、除草剂）的相互影响（Mitter等，2021）。

生物肥料产业大幅增长。2016年，全球生物肥料市场规模为12.54亿元。2017—2025年，该值有望上涨13%。《全球生物肥料市场》报告指出，由于很多欧洲及拉美国家严格监管化肥使用，这两个区域目前是全球最大的生物肥料消费市场，而中国和印度紧随其后。在全球生物肥料市场上，固氮菌占79%，占主导地位，而磷酸盐溶解菌仅占14%（Soumare等，2020）。

由于很多农民购买磷肥困难，且磷储量有限、化肥价格攀升，生物肥料凭借环保等优势成为磷肥的首选替代方案，可以有效增加土壤溶液中溶解态磷的含量（Kalayu，2019）。溶磷微生物可以通过水解作用转化有机态和无机态的难溶磷。土壤微生物中，溶磷细菌与溶磷真菌分别占50%和不到1%（Chen等，2006；Khan等，2009）。虽然目前有关溶磷生物的研究已非常广泛，但该产业在扩大生产规模和降低产品价格方面仍任重而道远。此外，由于生物肥料与化学肥料的作用机理并不相同，生物肥料的合理配方、用量及施用方法仍需进一步研究。

3.5.3 改进施肥的技术手段

传感器、可变速率上药器、人工合成硝化抑制剂、建模等技术手段有利于更好地管理土壤养分与肥料。具体措施包括利用传感器诊断土壤养分不足状况，通过改进剂量、施用时间和施用方法实现高效施肥，及施用其他来源的氮素以减少养分损失、提高养分利用率。建模工具有助于更好地分析施肥后土壤的养分变化状况，减少污染及富营养化风险。

传感器技术能够获取高密度的空间信息，并且不会产生化学废物等负外部性影响，在土壤监测中大有用途。"土壤探测"的概念于2011年出现，即在农田里装置和使用土壤传感器。土壤近地传感器技术是一项融合了仪表装置、数据科学、地质统计学、预测建模的跨学科技术，可以有效地测量土壤肥力的空间分布属性。兼容于在线分析系统的便携式传感器颇具应用价值，其中一项典型应用就是移动实验室（Pandey等，2017）。

光谱分析研究物质和电磁辐射间的相互作用。可见-近红外光谱和中红外光谱分析已成功应用于土壤全氮原位及在线测量平台。光谱数据的建模与管理是技术研发的重要环节，例如可变速率施用氮肥技术，即利用先进的精准农业技术，在正确的时间、地点，以正确的速率施用氮肥（Guerrero Castillo等，2021）。可见-近红外光谱和中红外光谱分析可以提高精准农业技术的成本效益和精确程度，不仅是在土壤氮含量方面，对直接影响土壤肥力的其他因素亦是如此。光谱分析技术还可以用来估计土壤颗粒大小、团聚程度、表面粗糙度和含水量等性质（粮农组织，2022）。2020年，全球土壤伙伴关系通过全球土壤实验室网络发起了关于土壤光谱的倡议（GLOSOLAN-Spec），聚焦国家能力建设及国家和区域土壤光谱库的创建与发展。光谱库建成之后，各国可以获得广泛的土壤信息。长远来看，国家和区域土壤图也可以得到改进，从而进一步落实可持续土壤管理。

世界各地都有证据表明，使用光学传感器能有效增加氮利用率，助力精准施用氮肥和磷肥（Ortíz-Monasterio和Raun，2007；Lapidus等，2017）。该技术根据归一化植被指数（NDVI）的变化以及该指数值与作物氮含量之间的线性关系来确定所需的肥料用量（Crain等，2012），能够准确预测各个地点实现作物预期最大产量所需的氮、磷量（Crain等，2012），但缺点是成本高昂。传感器成本因技术水平、自动化程度及与作物机械化生产的同步程度而异。然而，随着技术进步，人们目前已经研发出了一种体积更小、价格更便宜、便携且高效的传感器（Ortiz-Monasterio，2017），不仅提高了农民的收益，也显著减少了温室气体排放，尤其是氧化亚氮的排放（Lapidus等，2017）。即便如此，由于对此类传感器在山坡地农业中的性能研究较少，加之成本、培训、技术支持等因素，小农在农业生产中对这项技术的应用较为困难。然而，就高科技农业而言，该技术能够切实帮助生产者降低成本，在不影响作物产量的前提下减少氮肥的施用。

增效肥料有助于减少排放氧化亚氮、提高作物产量，效果大小则取决于土地特点和作物品种。Thepa等（2016）分析了来自多个大洲的43份研究结果，发现在不同土壤类型和土壤管理条件下，相比传统氮肥，硝化抑制剂、硝化双抑制剂（脲酶）及缓释氮肥均能降低氧化亚氮的排放（减排总均值分别为38%、30%和19%）。

养分模型通常需要结合作物生长模拟模型进行开发，而作物生长模拟模型的建立需要以强大的生态生理功能研究为基础，以实现对不同基因型、土壤管理和环境条件组合下的作物生长情况的可靠模拟。Soufizadeh等（2018）探索并开发了玉米氮动力学功能建模的概念框架，基于玉米冠层的生长（而非作物组织中的氮含量）来计算玉米作物的氮需求。Villalobos等（2020）开发了一个Windows程序来计算氮、磷、钾的季节性需求及成本效益最高的商品肥料配比，以及使用该肥料配比后田间钙、镁和硫的平衡状况，从而帮助用户确定适宜种植前施用的最佳复合肥，省去了自制混合肥料这项令农民感到头疼的工作。

作物生长和养分模型未能得到广泛应用的一个重要原因在于缺乏可靠的实地信息。撒哈拉以南非洲国家往往根据传统的田间实验向农民提供施肥及作物管理的相关建议。由于培训机会有限导致能力建设落后，且各国政府缺乏对开发、利用模型来制定政策的支持，这些国家在农业决策中对模型的运用仍然面临极大限制（MacCarthy等，2018）。

目前一些研究已对生物炭等肥料替代品在提高氮利用率方面的效果进行了评估，但热带地区土壤的数据仍然十分匮乏。研究表明，相较尿素，生物炭基氮肥使玉米增产26%，氮利用率提升12%，这是由于相比于传统的速溶性氮肥，生物炭基肥释放氮素的速率更低（Puga等，2020）。

在农民的协助下，学术界对于磷素在不同环境下的迁移转化过程有了更深刻的认识。但是，仍需开展大量研究及其他工作才能推出具有广泛应用前景的创新产品和施肥技术，促进植物对磷高效获取。针对某些特定环境的研究已取得重大进展，如在钙质土中用磷酸盐液体制剂取代干燥颗粒，可以大幅减少难溶性磷酸钙的沉淀。

生物刺激素也能够提高土壤肥力，主要包括腐殖酸、黄腐酸、氨基酸和肽混合物等。此外，植物界中也存在众多含氮化合物可以用作生物刺激素，如甜菜碱、多胺和非蛋白质氨基酸等，但目前对于这类化合物在作物生长方面的效果鲜有研究。海藻及植物提取物、壳聚糖和其他生物聚合物也可用作生物刺激素（Du Jardin，2015）。部分无机化合物所含的有益元素（如铝、钴、钠、硒和硅）也能够促进植物生长，甚至对某些作物起到不可或缺的作用。生物刺激素的优点包括提高养分吸收和同化效率，增加植物对生物和非生物胁迫的抗逆性，及改善作物农艺性状。生物刺激素可以用作化学制品的补充，或在某些情况下替代化学制品，用于改善植物的新陈代谢和生化活动。许多微生物也可用作生物刺激素，促进植物生长，提升作物的养分利用率、品质特性和对非生物胁迫的抗逆性。然而，生物刺激素是较新出现的产品，监管尚不明确，甚至存在某些真空地带，可能引起劣质产品进入市场的现象。因此，产品监管和质量评估亟待加强，同时需要进一步研究作物生长机制及土壤功能。此外，由于使用生物刺激素比某些肥料成本更高，价格因素也成了阻碍生物刺激素实验研究的因素之一。

在农业生产中，将有益且环保的微生物（如溶磷菌、固氮菌）与无机肥料结合制作成微生物制剂是一个越来越重要的研究方向。此举有益于增强矿物肥料的效益，减少对环境的负面影响。由于大多数农业系统都受到氮、磷元素的限制，这种新方法可能会吸引全球目光。有证据表明，即使仅向土壤接种一次复合微生物菌剂（图3-8）也能对农业生产力产生积极影响（Bargaz等，2018）。

微生物群落

直接影响
- 促进养分吸收（溶磷、固氮等）
- 提高水利用率
- 促进合成植物激素
- 促进植物根系生长
- 促进根瘤生长

根面

根际

非根际土壤

间接影响
- 生物或非生物胁迫抗逆性
- 改善土壤结构与性质
- 改变碳的分布特征

图3-8 微生物群落

微生物群落的主要组成及其参与的自然过程，包括根际微生物菌群对植物的直接与间接影响。在健康土壤中，复杂各异的根际微生物有利于促进植物生长和提高产量。

资料来源：整理自Bargaz A., Lyamlouli K., Chtouki M., 等。2018。《在植物养分综合管理体系中利用土壤微生物提高肥料效率》。微生物学前沿, 9: 1606。https://doi.org/10.3389/fmicb.2018.01606

- 根际微生物菌群
- 植物内生菌群
- 根瘤菌群
- 菌丝际微生物菌群
- 非根际微生物菌群

植物生长发育
- 增加地上生物量
- 提高产量（数量、质量）
- 抵御生物和非生物制约因素

根的生长、适应力、构型
- 生物量、长度、表面积
- 在土壤中拓展
- 养分循环
- 养分利用

根与土壤微生物多样性
- 细菌、真菌群落变化
- 根际（根系及周围土壤区域）微生物多样性
- 补充有益微生物

菌根际

丛枝菌根真菌
- 提供磷素
- 提供氮素
- 提供微量营养元素

- 提供碳素
- 补充溶磷细菌

微生物协同作用
竞争
优势
提高
效率

溶磷细菌

生物固氮

- 提供磷素

提供
- 可利用养分（氮、磷、钾、硫、微量营养元素）
- 富含能量的碳化合物和渗出液
- 植物激素
- 维生素
- 嗜铁素
- 抗微生物剂

3.6 养分循环与再利用

《肥料规范》将"循环养分"定义为：施于生长期植物并被其吸收的植物养分，在人类或动物摄入后，作为食品加工的副产品或返回土壤的植物残体，可以重新进入植物养分循环（粮农组织，2019c）。循环养分来源包括废水、藻类生物质、水生植物、污水污泥、生物固体、动物粪便、城市垃圾、堆肥、蚯蚓粪、沼渣沼液、生物炭、鸟粪石和硫酸铵等有机和无机副产品，及食品、农业产业和其他行业产生的残渣。循环养分的利用有助于形成肥料产品生命周期闭环，实现循环经济目标（图3-9）。与传统肥料相比，循环养分在促进植物生长和提高产量方面的效果相当甚至更好。在施用循环养分时，考虑到环保因素，必须去除养分中的污染物（如重金属）（Saliu和Oladoja，2021）。

剩余食物再利用是极具社会责任感的一项措施，反对食物浪费的行动可以为食物再利用提供原料。出于经济考量，剩余食物中的越来越多的可食用部分被送入生物炼制等加工成高价值产品，而不可食用部分也可以通过回收被高效转化为新产品（Pleissner，2018）。

实现向养分循环经济的转型需要有鼓励生产和利用堆肥与沼渣沼液的配套政策措施，也需要具备使用循环养分的物流保障。配套政策应杜绝养分的低效利用，创造对循环肥料的需求，并在回收资源市场发展起来之前对生物质加工给予支持。政府与社会投资、技术研发及制度转型可以为安全、可盈利的循环养分生产和消费创造条件（Valve等，2020）。

回收利用养分以实现循环经济和零废弃

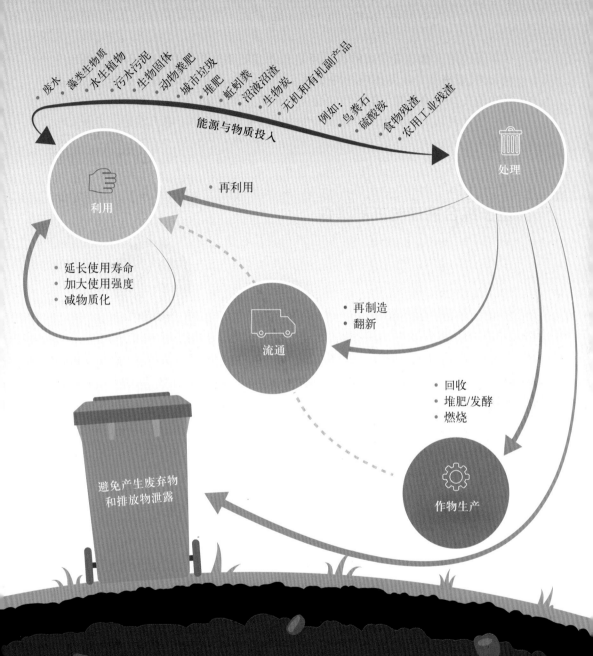

图3-9 回收利用养分以实现循环经济和零废弃
循环经济框架下，部分养分、废弃物及肥料副产品的加工和再利用可用于提高土壤肥力。
资料来源：整理自Geissdoerfer M.、Pieroni M.P.、Pigosso D.C.和Soufani K.。2020。《循环商业模式综述》，清洁生产杂志，277：123741。https://doi.org/10.1016/j.jclepro.2020.123741

3.7 可持续土壤肥力管理

无论是土壤自身含有的养分还是通过施肥添加的养分，都只能在植物-土壤-大气系统中才能发挥应有的作用。若滥用或误用化肥，养分很容易从该系统中流失，引发环境污染、气候变化，影响人类健康。因此，预防比治理更经济，但如何从大气和水体中回收流失的养分并将其返回土壤仍需进一步研究与投资。

基于综合管理的施肥建议

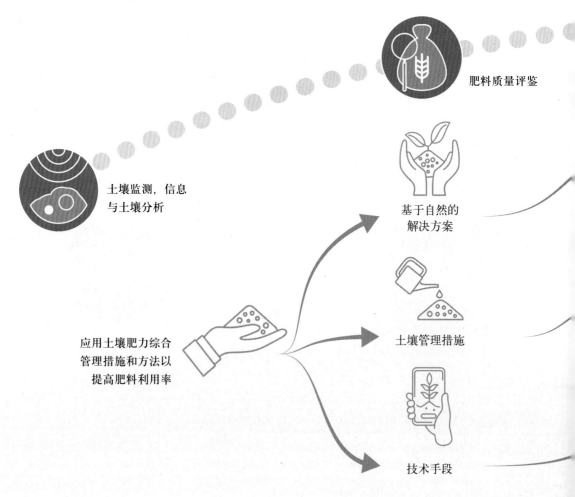

由于大部分肥料的原料是矿物质，而矿物质属于不可再生的自然资源且其耗竭时间不确定，因此，对肥料的使用进行优化非常重要。面对当前的环境问题和气候变化，人们必须研发和强化替代性措施，用于补充或取代矿物质肥料。少用、滥用及误用化肥是诸多因素造成的，优化施肥的合理建议可以大大减少不合理施肥带来的负外部性影响。当前，有很多措施和方法可应用于施肥计划中，包括本文介绍的基于自然的解决方案、土壤管理措施及技术手段等。这些措施和方法可广泛应用于可持续土壤管理的各个重要阶段，包括土壤监测、土壤信息、土壤分析、能力建设、肥料质量评鉴及发展循环经济等，并产生经济效益（图3-10）。

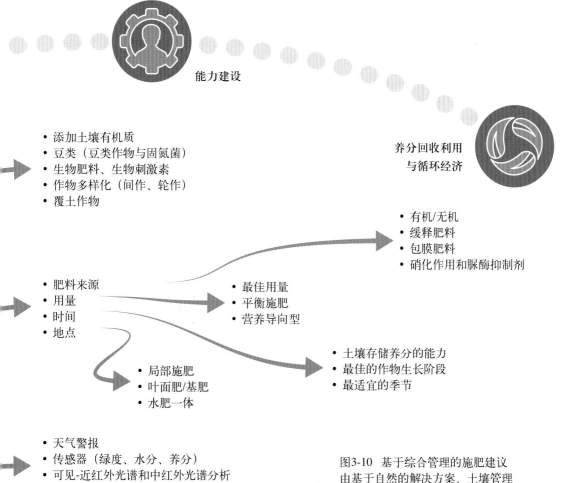

图3-10 基于综合管理的施肥建议
由基于自然的解决方案、土壤管理措施和技术手段组成的综合性施肥优化建议。

参考文献 REFERENCES

Abdoli, M. 2020.Effects of Micronutrient Fertilization on the Overall Quality of Crops. In:T. Aftab & K.R.Hakeem, eds.*Plant Micronutrients: Deficiency and Toxicity Management.* pp. 31–71. Cham, Springer InternationalPublishing.https://doi.org/10.1007/978-3-030-49856-6_2.

Alewell, C., Ringeval, B., Ballabio, C., Robinson, D.A., Panagos, P. & Borrelli, P. 2020.Global phosphorus shortage will be aggravated by soil erosion.*Nature Communications*, 11(1):4546. https://doi.org/10.1038/s41467-020-18326-7.

Alloy, B.J. 2008.*Zinc in soils and crop nutrition.*Second edition published by International Zinc Association (IZA) and International Fertilizer Industry Association (IFA), Brussels, Belgium, Paris and France, 59–74.

Arnés García, M. & Santivañez, T. 2021.Hand in hand with nature–Nature-based Solutions for transformative agriculture:A revision of Nfature- based Solutions for the Europe and Central Asiaregion, supported by Globally Important Agricultural Heritage Systems (GIAHS) examples. Budapest, FAO.Food & Agriculture Org. https://doi. org/10.4060/cb4934en.

Ashton, K. 2009.That "Internet of Things" Thing. *RFiD Journal*, 22:97–114.

Augusto, L., Achat, D.L., Jonard, M., Vidal, D. & Ringeval, B. 2017.Soil parent material-A major driver of plant nutrient limitations in terrestrial ecosystems.*Global Change Biology*, 23(9):3808–3824. https://doi.org/10.1111/gcb.13691.

Bargaz, A., Lyamlouli, K., Chtouki, M., Zeroual,Y. & Dhiba, D. 2018.Soil microbial resources for improving fertilizers efficiency in an integrated plant nutrient management system.*Frontiers in Microbiology*, 9:1606. https://doi.org/10.3389/ fmicb.2018.01606.

Barrett, C.B.& Bevis, L.E.M. 2015.The self- reinforcing feedback between low soil fertility and chronic poverty.*Nature Geoscience*, 8(12):907–912.

Behera, S., Singh, R., Arora, R., Sharma, N.K., Shukla, M. & Kumar, S. 2015.Scope of Algae as Third Generation Biofuels.*Frontiers in Bioengineering and Biotechnology*, 2. https://www.frontiersin.org/article/10.3389/fbioe.2014.00090.

Belay, A., Joy, E.J.M., Chagumaira, C., Zerfu, D.,Ander, E.L., Young, S.D., Bailey, E.H., et al. 2020.Selenium Deficiency Is Widespread and Spatially Dependent in Ethiopia.Nutrients, 12(6):E1565. https://doi.org/10.3390/nu12061565.

Bertsch, F. 1995.La fertilidad del suelo y su manejo San José Costa Rica.*Asociación Costarricense de la Ciencia de Suelo (ACCS)*:43–117.

Bekunda, M., Sanginga, N. & Woomer, P.L. 2010.Restoring soil fertility in sub-Sahara Africa. *Advances in Agronomy - ADVAN AGRON*, 108:183–236. https://doi.org/10.1016/S0065-2113(10)08004-1.

Bennett, E.M.&Schipanski, M.E. 2013.Chapter 8-The Phosphorus Cycle.In:K.C.Weathers,D.L. Strayer & G.E.Likens, eds.*Fundamentals of Ecosystem Science*. pp. 159–178.Academic Press. https://doi.org/10.1016/B978-0-08-091680- 4.00008-1.

Bhaskarachary, K. 2011.Potassium and human nutrition:The soil-plant-human continuum. Karnataka Journal of Agricultural Sciences, 24(1).

Bhatt, D.L., Szarek, M., Pitt, B., Cannon, C.P., Leiter, L.A., McGuire, D.K., Lewis, J.B., et al. 2021.Sotagliflozin in patients with diabetes and chronic kidney disease.*New England Journal of Medicine*, 384(2):129–139.

Bouwman, A.F., Beusen, A.H.W., Lassaletta, L., Van Apeldoorn, D.F., Van Grinsven, H.J.M. & Zhang, J. 2017.Lessons from temporal and spatial patterns in global use of N and P fertilizer on cropland. *Scientific reports*, 7(1):1–11.

Bowell, R.J.& Ansah, R.K.1993.Trace element budget in an African savannah ecosystem. *Biogeochemistry*, 20(2):103–126.

Bowen, H.J.M.1979.*Environmental chemistry of the elements*.London; New York, Academic Press.

Brevik, E.C.& Sauer, T.J.2015.The past, present, and future of soils and human health studies. *SOIL*, 1(1):35–46. https://doi.org/10.5194/soil-1-35-2015.

Brevik, E. 2013.Soils and human health – An overview. In E.C. Brevik & L.C.Burgess, eds. *Soils and Human Health*. 1st Edition, pp. 29–56.Boca Raton, CRC Press. https://doi.org/10.1201/b13683-4.

Brouder, S.M., Volenec, J.J.& Murrell, T.S. 2021.The potassium cycle and Its relationship to recommendation development.In T.S.Murrell, R.L.Mikkelsen, G. Sulewski, R. Norton & M.L.Thompson, eds.*Improving Potassium Recommendations for Agricultural Crops*. pp. 1–46. Paper presented at, 2021, Cham. https://doi. org/10.1007/978-3-030-59197-7_1.

Burras, L., Nyasimi, M. & Butler, L. 2013.Soils, human health, and wealth:A complicated relationship.In E.C.Brevik & L.C.Burgess, eds. *Soils and Human Health.1st Edition*, pp. 215–226. Boca Raton, CRC Press. https://doi.org/10.1201/ b13683-14.

Cakmak, I., McLaughlin, M.J. & White, P. 2017.Zinc for better crop production and human health.*Plant and Soil*, 411(1):1–4. https://doi. org/10.1007/s11104-016-3166-9.

Cakmak, I. 2009.Enrichment of fertilizers with zinc: an excellent investment for humanity and crop production in India.*Journal of trace elements in medicine and biology: organ of the Society for Minerals and Trace Elements (GMS)*, 23(4):281–289. https://doi.org/10.1016/j.jtemb.2009.05.002.

Cakmak, I. 2008.Enrichment of cereal grains with zinc:Agronomic or genetic biofortification?*Plant and Soil*, 302(1):1–17. https://doi.org/10.1007/ s11104-007-9466-3.

Cakmak, I. 2002.Plant nutrition research:Priorities to meet human needs for food in sustainable ways.*Plant and Soil*, 247(1):3–24. https://doi. org/10.1023/A:1021194511492.

Channarayappa, C. & Biradar, D.P. 2018. *Soil Basics, Management and Rhizosphere Engineering for Sustainable Agriculture*. CRC Press. https://books.google.com.mx/books?id=2UjpDwAAQBAJ.

Chapin, F.S., Matson, P.A. & Mooney, H.A. 2002. Principles of terrestrial ecosystem ecology.

Chen, C.-T., Lin, C.-T. & Huang, S.-F. 2006. A fuzzy approach for supplier evaluation and selection in supply chain management. *International journal of production economics*, 102(2):289–301.

Chianu, J., Chianu, J. & Mairura, F. 2011. Mineral fertilizers in the farming systems of sub-Saharan Africa. A review. *Agronomy for Sustainable Development*, 32. https://doi.org/10.1007/s13593-011-0050-0.

Chojnacka, K., Moustakas, K. & Witek-Krowiak, A. 2020. Bio-based fertilizers: A practical approach towards circular economy. *Bioresource Technology*, 295:122223. https://doi.org/10.1016/j.biortech.2019.122223.

Colino, S. 2022. Fruits and vegetables are less nutritious than they used to be. In: National Geographic. Cited 26 June 2022. https://www.nationalgeographic.co.uk/environment-and-conservation/2022/05/fruits-and-vegetables-are-less-nutritious-than-they-used-to-be.

Cordell, D., Drangert, J.-O. & White, S. 2009. The story of phosphorus: global food security and food for thought. *Global Environmental Change*, 19(2):292–305. https://doi.org/10.1016/j.gloenvcha.2008.10.009.

Correndo, A.A., Rubio, G., García, F.O. & Ciampitti, I.A. 2021. Subsoil-potassium depletion accounts for the nutrient budget in high-potassium agricultural soils. *Scientific reports*, 11(1):1–10.

Crain, J., Ortiz-Monasterio, I. & Raun, B. 2012. Evaluation of a Reduced Cost Active NDVI Sensor for Crop Nutrient Management. *Journal of Sensors*, 2012: e582028. https://doi.org/10.1155/2012/582028.

Davidsson, L. & Tanumihardjo, S.A. 2012. Bioavailability. In: Encyclopedia of Human Nutrition (Third Edition). pp. 149–155.

Davis, D.R., Epp, M.D. & Riordan, H.D. 2004. Changes in USDA food composition data for 43 garden crops, 1950 to 1999. *Journal of the American College of Nutrition*, 23(6):669–682. https://doi.or g/10.1080/07315724.2004.10719409.

Davies, B.E. 1997. Deficiencies and toxicities of trace elements and micronutrients in tropical soils: Limitations of knowledge and future research needs. *Environmental Toxicology and Chemistry*, 16(1):75–83. https://doi.org/10.1002/etc.5620160108.

Deb, M. & Sarkar, S.C. 2017. *Minerals and Allied Natural Resources and their Sustainable Development: Principles, Perspectives with Emphasis on the Indian Scenario*. Springer.

Delgado, J.A. & Follett, R.F. 2010. Advances in nitrogen management for water quality. *Soil and water conservation society, Ankeny*, IA:1–424.

Deng, Y., Chen, F., Liao, K., Xiao, Y., Chen, S., Lu, Q., Li, J. & Zhou, W. 2021. Microalgae for nutrient recycling from food waste to aquaculture as feed substitute: a promising pathway to eco-friendly development. *Journal of Chemical Technology & Biotechnology*, 96(9):2496–2508. https://doi.org/10.1002/jctb.6786.

Deutz, P. 2020.Circular Economy.In:A. Kobayashi, ed. *International Encyclopedia of Human Geography (Second Edition)*. pp. 193–201.Oxford, Elsevier. https://doi.org/10.1016/B978-0-08-102295-5.10630-4.

Dhaliwal, S.S., Naresh, R.K., Mandal, A., Singh, R. & Dhaliwal, M.K. 2019.Dynamics and transformations of micronutrients in agricultural soils as influenced by organic matter build-up:Areview.*Environmental and Sustainability Indicators*, 1–2:100007. https://doi.org/10.1016/j.indic.2019.100007.

Dolman, H., Valentini, R. & Freibauer, A. 2008.*The Continental-Scale Greenhouse Gas Balance of Europe*.Ecological Studies.Springer New York. https://books.google.com.mx/books?id=LYL5IWGuZNEC.

Du Jardin, P. 2015.Plant biostimulants:Definition, concept, main categories and regulation.*Scientia Horticulturae*, 196:3–14.

Elser, J. & Bennett, E. 2011.A broken biogeochemical cycle.*Nature*, 478(7367):29–31. https://doi.org/10.1038/478029a.

Elser, J.J., Bracken, M.E.S., Cleland, E.E., Gruner, D.S., Harpole, W.S., Hillebrand, H., Ngai, J.T., et al. 2007.Global analysis of nitrogen and phosphorus limitation of primary producers in freshwater, marine and terrestrial ecosystems.*Ecology Letters*, 10(12):1135–1142. https://doi.org/10.1111/j.1461-0248.2007.01113.x.

Erisman, J.W., Sutton, M.A., Galloway, J., Klimont, Z. & Winiwarter, W. 2008.How a century of ammonia synthesis changed theworld.*Nature geoscience*, 1(10): 636–639.

Etesami, H. 2020.*Enhanced Phosphorus Fertilizer Use Efficiency with Microorganisms*.R.S.Meena, ed. Singapore, Springer-Verlag Singapore Pte Ltd. https://doi.org/10.1007/978-981-13-8660-2_8.

Falkowski, P., Scholes, R.J., Boyle, E., Canadell, J., Canfield, D., Elser, J., Gruber, N., et al. 2000. The global carbon cycle:A test of our knowledge of Earth as a system.*Science*, 290(5490):291-296.https://doi.org/10.1126/science.290.5490.291.

FAO. 2022.Global Map of Black Soils. Rome, Italy, FAO. https://www.fao.org/documents/card/es/c/ cc0236en/.

FAO. 2021.Soil Organic Carbon and Nitrogen.ITPS Soil Letters #2.Global Soil Partnership. In:*Food and Agriculture Organization of the United Nations*.Cited 4 July 2022.

FAO. 2020.*Towards a definition of soil health*.Intergovernmental Technical Panel on Soils.Letter no. 1.Rome, Italy, FAO.

FAO. 2019a.*Microbiome:The missing link?: Science and innovation for health, climate and sustainable food systems*.Rome, Italy, FAO. https://www.fao.org/documents/card/es/c/ca6767en/.

FAO. 2019b.World fertilizer trends and outlook to 2022.Rome.

FAO. 2019c.*The international Code of Conduct for the sustainable use and management of fertilizers*: -.Rome, Italy, FAO.56 pp. https://doi.org/10.4060/ CA5253EN.

FAO. 2017. *Nutrition-sensitive agriculture and food systems in practice-Revised edition.* https://www. fao.org/policy-support/tools-and-publications/ resources-details/es/c/1415919/.

FAO. 2015.*Revised World Soil Charter*. Rome, Italy, FAO. 10 pp. (available at https://www.fao.org/documents/card/es/c/e60df30b-0269-4247-a15f- db564161fee0/).

FAO, ITPS, GSBI, SCBD & EC. 2020.*State of knowledge of soil biodiversity - Status, challenges and potentialities: Report 2020*.Rome, Italy, FAO.618 pp. https://doi.org/10.4060/cb1928en.

FAO, IFAD, UNICEF, WFP & WHO. 2021.*The State of Food Security and Nutrition in the World 2021: Transforming food systems for food security, improved nutrition and affordable healthy diets for all*.The State of Food Security and Nutrition in the World (SOFI) 2021.Rome, Italy, FAO.240 pp. https://doi.org/10.4060/cb4474en.

FAO & UNEP.2021.*Global assessment of soil pollution: Summary for policymakers*. Rome, Italy, FAO.84 pp. https://doi.org/10.4060/cb4827en.

Foley, J.A., Ramankutty, N., Brauman, K.A., Cassidy, E.S., Gerber, J.S., Johnston, M., Mueller,N.D. et al.2011.Solutions for a cultivated planet.*Nature*, 478(7369):337–342.

Galloway, J.N., Aber, J.D., Erisman, J.W., Seitzinger, S.P., Howarth, R.W., Cowling, E.B.& Cosby, B.J.2003.The nitrogen cascade.*Bioscience*, 53(4):341–356.

Gashu, D., Nalivata, P.C., Amede, T., Ander, E.L., Bailey, E.H., Botoman, L., Chagumaira,C., et al. 2021.The nutritional quality of cereals varies geospatially in Ethiopia and Malawi.*Nature*, 594(7861):71–76. https://doi.org/10.1038/ s41586-021-03559-3.

Graham, R.D.& Webb, M.J. 1991.Micronutrients and disease resistance and tolerance in plants. *Micronutrients in Agriculture*, pp. 329–370.John Wiley & Sons, Ltd. https://doi.org/10.2136/sssabookser4.2ed.c10.

Graham, R.D. 2008.Micronutrient deficiencies in crops and their global significance.In B.J.Alloway, ed. *Micronutrient deficiencies in global crop production*, pp. 41–61.Dordrecht, Springer Netherlands. https://doi.org/10.1007/978-1- 4020-6860-7_2.

Grandy, A.S.& Robertson, G.P. 2006.Initial cultivation of a temperate-region soil immediately accelerates aggregate turnover and CO_2 and N_2O fluxes.*Global Change Biology*, 12(8):1507–1520. https://doi.org/10.1111/j.1365-2486.2006.01166.x.

Greer, K.D. & Pittelkow, C.M. 2018. Linking Nitrogen Losses With Crop Productivity in Maize Agroecosystems.*Frontiers in Sustainable Food Systems*, 2. https://doi.org/10.3389/fsufs.2018.00029.

Groffman, P.M. & Rosi-Marshall, E.J. 2013. Chapter 7 - The Nitrogen Cycle. In: K.C. Weathers,D.L.Strayer & G.E.Likens, eds.*Fundamentals of Ecosystem Science*. pp. 137–158. Academic Press. https://doi.org/10.1016/B978-0-08-091680- 4.00007-X.

Guenet, B., Gabrielle, B., Chenu, C., Arrouays, D., Balesdent, J., Bernoux, M., Bruni, E., et al. 2021. Can N_2O emissions offset the benefits from soil organic carbon storage?*Global Change Biology*, 27(2):237–256. https://doi.org/10.1111/ gcb.15342.

Guerrero Castillo, A.P., De Neve, S. & Mouazen,A. 2021.Current sensor technologies for in situ and on-line measurement of soil nitrogen for variable rate fertilization: a review.*Advances in Agronomy*, 168:1–38. https://doi.org/10.1016/ bs.agron.2021.02.001.

Guo, H., Li, Z., Qian, H., Hu, Y. & Muhammad,I.N. 2010.Seed-mediated synthesis of NaY

F4:Y b, Er/NaGdF4 nanocrystals with improved upconversion fluorescence and MR relaxivity. *Nanotechnology*, 21(12):125602.

Haller, H. & Jonsson, A. 2020.Growing food in polluted soils:A review of risks and opportunities associated with combined phytoremediation and food production (CPFP).*Chemosphere*, 254:126826.https://doi.org/10.1016/j.chemosphere.2020.126826.

Heisey, P.W.& Mwangi, W.M. 1996.*Fertilizer use and maize production in sub-Saharan Africa.* CIMMYT.(available at https://repository.cimmyt. org/handle/10883/929).

Hengl, T., Leenaars, J.G.B., Shepherd, K.D.,Walsh, M.G., Heuvelink, G.B.M., Mamo, T., Tilahun, H., et al. 2017.Soil nutrient maps of sub- Saharan Africa: assessment of soil nutrient content at 250 m spatial resolution using machine learning.*Nutrient Cycling in Agroecosystems*, 109(1):77–102. https://doi.org/10.1007/s10705-017-9870-x.

Hodges, S.C. 2010.Soil fertility Basics.NC Certified Crop Advisor Training .*Chapter 1.Basic Concepts.Soil Science Extension.*North Carolina State University. (available at http://www2. mans.edu.eg/projects/heepf/ilpppp/cources/12/pdf%20course/38/Nutrient%20Management%20 for%20 CCA.pdf.).

Horward, W. 2015.Carbon Cycling:The Dynamics and Formation of Organic Matter.In:Eldor, A.E. Soil Microbiology, Ecology, and Biochemistry.Fourth Edition.AP Academic Press. pp. 339–382.

IPPC (Intergovernmental Panel on Climate Change) Secretariat. 2021.International Year of Plant Health – Final report.Protecting plants,protecting life.FAO on behalf of the Secretariat of the International Plant Protection Convention https://doi.org/10.4060/cb7056en.

ISO. 2006.ISO 14040:2006(en), Environmental management — Life cycle assessment — Principles and framework.Cited 26 June 2022. https://www.iso.org/obp/ui/#iso:std:iso:14040:ed-2:v1:en.

Johnston, A.M. & Bruulsema, T. 2014.4R nutrient stewardship for improved nutrient use efficiency. *Procedia Engineering*, 83. https://doi.org/10.1016/j.proeng.2014.09.029.

Jones Jr., J.B. 2012.*Plant nutrition and soil fertility manual.*Second edition.New York, CRC Press.230 pp. https://doi.org/10.1201/b11577.

Jones D.L., Darrah P.R. 1994.Role of root derived organic-acids in the mobilization of nutrients from the rhizosphere.*Plant and Soil*, 166(2):247–257.

Joy, E.J.M., Kumssa, D.B., Broadley, M.R.,Watts, M.J., Scott, D.Y., Chilimba, A. D.C., Ander, E.L. 2015.Dietary mineral supplies in Malawi: spatial and socioeconomic assessment.*BMC Nutrition*, 1(42):1-25. doi:10.1186/s40795-015-0036-4.

Joy, E.J.M., Stein, A.J., Young, S.D., Ander, E.L., Watts, M.J., Broadley, M.R. 2015a.Zinc-enriched fertilizers as a potential public health intervention in Africa.*Plant Soil*, 389:1-24. doi:10.1007s/11104- 015-2430-8.

Jurowski, K., Szewczyk, B., Nowak, G. & Piekoszewski, W. 2014.Biological consequences of zinc deficiency in the pathomechanisms of selected diseases.*Journal of biological inorganic chemistry: JBIC: a publication of the Society of Biological Inorganic Chemistry*, 19(7):1069–1079. https://doi.org/10.1007/s00775-014-1139-0.

Kalayu, G. 2019.Phosphate solubilizing microorganisms: promising approach as biofertilizers.

International Journal of Agronomy, 2019.

Katyal, J.C. & Vlek, P.L.G. 1985. Micronutrient problems in tropical Asia.*Fertilizer Research (Netherlands)*, (7): 69–94.

Keesstra, S.D., Bouma, J., Wallinga, J., Tittonell, P., Smith, P., Cerdà, A., Montanarella, L., et al. 2016.The significance of soils and soil science towards realization of the United Nations Sustainable Development Goals.*SOIL*, 2(2):111–128. https:// doi.org/10.5194/soil-2-111-2016.

Knez, M. and Graham, R.D. 2013.The impact of micronutrient deficiencies in agricultural soils and crop nutritional health of humans.In *Essentials of Medical Geology* (pp. 517-533) Springer,Dordrecht. doi:10.1007/978-94-007-4375-5_22.

Khan, A.A., Jilani, G., Akhtar, M.S., Naqvi,S.M.S. & Rasheed, M. 2009.Phosphorus solubilizing bacteria: occurrence, mechanisms and their role in crop production.*J agric biol sci*, 1(1):48–58.

Khan, M.N., Mobin, M., Abbas, Z.K.& Alamri,S.A. 2018.Fertilizers and their contaminants in soils, surface and groundwater.*Encyclopedia of the Anthropocene*, 5:225–240.

Kihara, J., Sileshi, G.W., Nziguheba, G., Kinyua, M., Zingore, S. & Sommer, R. 2017.Application of secondary nutrients and micronutrients increases crop yields in sub-Saharan Africa.*Agronomy for Sustainable Development*, 37(4):25. https://doi.org/10.1007/s13593-017-0431-0.

Kihara, J., Bolo, P., Kinyua, M., Rurinda, J. & Piikki, K. 2020.Micronutrient deficiencies in African soils and the human nutritional nexus: opportunities with staple crops.*Environmental Geochemistry and Health*, 42(9):3015–3033. https://doi.org/10.1007/s10653-019-00499-w.

Kravchenko, Y., Xingyi, Z., Xiaobing, L., Song, C., Cruse, R. & Richard, C. 2011.Mollisols properties and changes in Ukraine and China.*Chinese Academy of Sciences Chinese Geographical Science*, 21:257–266. https://doi.org/10.1007/ s11769-011-0467-z.

Lal R. 2009.Soil degradation as a reason for inadequate human nutrition.*Food Security*, 1:45-57. doi:10.1007/s12571-009-0009-z.

Lapidus, D., Latane, A., Ortiz-Monasterio, I., Beach, R. & Castañeda, M.E.C. 2017.The GreenSeeker Handheld:A research brief on farmer technology adoption and disadoption. https:// doi.org/10.3768/rtipress.2017.rb.0014.1705.

Li, C., Zhou, K., Qin, W., Tian, C., Qi, M.,Yan, X. & Han, W. 2019.A review on heavy metals contamination in soil: effects, sources, and remediation techniques.*Soil and SedimentContamination: An International Journal*, 28(4):380–394. https://doi.org/10.1080/15320383.2019.1592108.

Liew Y.A., Omar S.S., Husni M.H.A., Abdin M., Abduilah N.A.P.2010.Effects of micronutrient fertilizers on the production.*Malaysian Journal of Soil Science*, 14:71–82.

Liu, X., Lee Burras, C., Kravchenko, Y.S., Duran, A., Huffman, T., Morras, H., Studdert,G. , et al. 2012.Overview of mollisols in the world:Distribution, land use and management.*CanadianJournal of Soil Science*, 92(3):383–402. https://doi.org/10.4141/cjss2010-058.

Lory, J. & Scharf, P. 2003.Yield goal versus delta yield for predicting fertilizer nitrogen need in corn. *AGRONOMY JOURNAL*, 95(4):994–999.https://doi.org/10.2134/agronj2003.0994.

Lu, C. & Tian, H. 2017.Global nitrogen and phosphorus fertilizer use for agriculture production in the past half century: shifted hot spots and nutrient imbalance.*Earth System Science Data*, 9(1):181–192. https://doi.org/10.5194/essd-9-181-2017.

Lun, F., Liu, J., Ciais, P., Nesme, T., Chang, J., Wang, R., Goll, D., et al. 2018.Global and regional phosphorus budgets in agricultural systems and their implications for phosphorus-use efficiency.Earth System Science Data, 10(1):1–18. https://doi.org/10.5194/essd-10-1-2018.

MacCarthy, D.S., Kihara, J., Masikati, P. & Adiku, S.G.K. 2018.Decision Support Tools for Site-Specific Fertilizer Recommendations and Agricultural Planning in Selected Countries in Sub-Sahara Africa.In A. Bationo, D. Ngaradoum, S. Youl, F. Lompo & J.O.Fening, eds.*Improving the Profitability, Sustainability and Efficiency of Nutrients Through Site Specific Fertilizer Recommendations in West Africa Agro- Ecosystems: Volume* 2, pp. 265–289.Cham, Springer International Publishing. https://doi.org/10.1007/978-3-319-58792-9_16.

MacDonald, G.K., Bennett, E.M., Potter,P.A. & Ramankutty, N. 2011.Agronomic phosphorus imbalances across the world's croplands.*Proceedings of the National Academy of Sciences*, 108(7):3086–3091. https://doi.org/10.1073/ pnas.1010808108.

Malavolta, E. 1996.Informacoes agronomicas sobre nutrientes para as culturas – Nutri-fatos. *Piracicaba: POTAFOS, Arquivo do Agronomo*(10):12.

Manzeke MG, Mtambanengwe F, Watts MJ, Hamilton EM, Lark RM, Broadley MR, Mapfumo P. 2019.Role of soils and fertilizer management in crop and human nutrition under contrasting smallholder cropping.*Sci Rep.*, 9:6445.

Manzeke-Kangara M.G., Joy E.J.M., Mtambanengwe F., Chopera P., Watts M.J., Broadley M.R., Mapfumo P. 2021.Good soil management can reduce dietary zinc deficiency in Zimbabwe. *CABI Agric. Biosci.*, 2:36.

Maas, S., Scheifler, R., Benslama, M., Crini, N., Lucot, E., Brahmia, Z., Benyacoub, S. & Giraudoux, P. 2010.Spatial distribution of heavy metal concentrations in urban, suburban and agricultural soils in a Mediterranean city of Algeria.*Environmental Pollution*, 158(6):2294–2301. https://doi.org/10.1016/j.envpol.2010.02.001.

Mau, L., Kant, J., Walker, R., Kuchendorf, C.M., Schrey, S.D., Roessner, U. & Watt, M. 2021. Wheat Can Access Phosphorus From Algal Biomass as Quickly and Continuously as From Mineral Fertilizer. *Frontiers in Plant Science*, 12. https://www.frontiersin.org/article/10.3389/fpls.2021.631314.

Mayer, A.-K. & Wang, H. 2018.Regulations concerning pesticides and fertilizers.In I. Härtel, ed. *Handbook of Agri-Food Law in China, Germany, European Union:Food Security, Food Safety, Sustainable Use of Resources in Agriculture*, pp.277–346.Cham, Springer International Publishing. https://doi.org/10.1007/978-3-319-67666-1_5.

Mayer J., Stoll S., Schaeffer Z., Smith A., Grega M., Weiss R., Fuhrman J. 2020.The Power of the Plate:The case for regenerative organic agriculture in improving human health [white paper].

McBratney, A., Field, D.J. & Koch, A. 2014.The dimensions of soil security.*Geoderma*, 213:203–213. https://doi.org/10.1016/j.geoderma.2013.08.013.

Miller D. and Welch R.M. 2013.Food system strategies for preventing micronutrient malnutrition.

Food Policy, 42:115–128.

Mishra, B., Varjani, S., Kumar, G., Awasthi, M.K., Awasthi, S.K., Sindhu, R., Binod, P. et al.2021. Microbial approaches for remediation of pollutants:Innovations, future outlook, and challenges. *Energy & Environment*, 32(6):1029–1058. https://doi.org/10.1177/0958305X19896781.

Mitchell, R.L. & Burridge, J.C. 1979.Trace elements in soils and crops.*Philosophical Transactions of the Royal Society of London. Series B, Biological Sciences*, 288(1026):15–24.

Mitchell, R.L. 1964.Trace elements in soil.In F.E.Bear, ed. *Chemistry of the Soil ACS MonographSeries*, p. New York., Reinhold Publishing Corporation.

Morgan, R.K. & Summer, R. 2008.Chronic Obstructive Pulmonary Disease.In:H.K.(Kris) Heggenhougen, ed. *International Encyclopedia of Public Health*. pp. 709–717.Oxford, Academic Press. https://doi.org/10.1016/B978- 012373960-5.00213-6.

Mortvedt, J.J. 1985.Micronutrient fertilizers and fertilization practices.In P.L.G.Vlek, ed.*Micronutrients in Tropical Food Crop Production*, pp. 221–235.Developments in Plant and Soil Sciences.Dordrecht, Springer Netherlands. https://doi.org/10.1007/978-94-009-5055-9_9.

Neumann, G. & Römheld, V. 2012.Rhizosphere chemistry in relation to plant nutrition.In P. Marschner, ed. *Marschner's Mineral Nutrition of Higher Plants (Third Edition)*, pp. 347–368.San Diego, Academic Press. https://doi.org/10.1016/ B978-0-12-384905-2.00014-5.

Nubé, M. & Voortman, R.L. 2011.Human micronutrient deficiencies: linkages with micronutrient deficiencies in soils, crops and animal nutrition.*Combating micronutrient deficiencies: Food-based approaches*, 7:289.

Olson-Rutz, K., Jones, C. & Dinkins., C. 2011.*Enhanced efficiency fertilizers*.EB0188. Montana State Univ. Ext., Bozeman. https://landresources.montana.edu/soilfertility/documents/PDF/pub/EEFEB0188.pdf.

Ortiz-Monasterio, J.I. & Raun, W. 2007.Reduced nitrogen and improved farm income for irrigated spring wheat in the Yaqui Valley, Mexico, using sensor based nitrogen management.*Journal of agricultural science.*(also available at https://doi.org/10.1017/S0021859607006995).

Ortiz-Monasterio, I. 2017.Yaqui Valley baseline study mexican crop observation, Management & Production Analysis Services System (COMPASS). *GOV.UK* [online]. [Cited 16 May 2022]. https://www.gov.uk/government/case-studies/rezatec- mexico-crop-management.

Pan, J., Plant, J.A., Voulvoulis, N., Oates, C.J. & Ihlenfeld, C. 2010.Cadmium levels in Europe: implications for human health.*Environmental Geochemistry and Health*, 32(1):1–12. https://doi.org/10.1007/s10653-009-9273-2.

Pandey, S., Paudel, P., Maskey, K., Khadka, J., Thapa, T., Rijal, B., Bhatta, N., et al. 2017. Improving fertilizer recommendations for Nepalese farmers with the help of soil-testing mobile van.*Journal of Crop Improvement*, 32:19–32. https:// doi.org/10.1080/15427528.2017.1387837.

Peoples, M., Richardson, A.E., Simpson, R. & Fillery, I.R.P. 2014.Soil:Nutrient Cycling. In:*Encyclopedia of Agriculture and Food Systems*. pp. 197–210. https://doi.org/10.1016/B978-0-444-52512-3.00094-2.

Pidwirny, M. 2021.*Chapter 29:Soils and Soil Classification: Single chapter from the eBook*

Understanding Physical Geography.Our Planet Earth Publishing.

Pleissner, D. 2018.Recycling and reuse of food waste.*Current opinion in green and sustainable chemistry*, 13:39-43. https://doi.org/10.1016/j.cogsc.2018.03.014.

Porter's, V.C.M. 1985.What Is Value Chain.*E-Commer*.:1-13.

Powlson, D.S. 1993.Understanding the soil nitrogen cycle.*Soil Use and Management*, 9(3):86- 93. https://doi.org/10.1111/j.1475-2743.1993. tb00935.x.

Puga, A.P., Grutzmacher, P., Cerri, C.E.P., Ribeirinho, V.S. & Andrade, C.A. de. 2020. Biochar-based nitrogen fertilizers:Greenhouse gas emissions, use efficiency, and maize yield in tropical soils.*Science of The Total Environment*, 704:135375. https://doi.org/10.1016/j.scitotenv.2019.135375.

Rajan, M., Shahena, S., Chandran, V. & Mathew, L. 2021.Chapter 3 - Controlled release of fertilizers—concept, reality, and mechanism. In:F.B.Lewu, T. Volova, S. Thomas & R. K.r., eds. *Controlled Release Fertilizers for Sustainable Agriculture*. pp. 41–56.Academic Press. https://doi.org/10.1016/B978-0-12-819555-0.00003-0.

Rathore, G., Khamparia, R., Gupta, G. & Sinha,S. 1980.Availability of micronutrients in some alluvial soils and their effect on wheat.*undefined*.(available at https://www.semanticscholar.org/paper/Availability-of-micronutrients-in-some-alluvial-and-Rathore-Khamparia/a3e54c0d7c3f5ec05f0f6bcf4393c6348fafc66d).

Rengel, Z., Batten, G.D.& Crowley, D.E. 1999.Agronomic approaches for improving the micronutrient density in edible portions of field crops.*Field Crop Research*, 60:27-40. https://doi.org/10.1016/S0378-4290(98)00131-2.

Reta, G., Dong, X., Li, Z., Su, B., Huijuan, B., Yu, D., Wan, H., et al. 2018.Environmental impact of phosphate mining and beneficiation: review.*International Journal of Hydrology*, 2. https://doi.org/10.15406/ijh.2018.02.00106.

Robertson, G.P. & Groffman, P. 2015.Nitrogen transformations. pp. 421–446. https://doi.org/10.1016/B978-0-12-415955-6.00014-1.

Rockström, J., Steffen, W., Noone, K., Persson, Å., Chapin, Matson and Mooney,, F.S., Lambin, E.F., Lenton, T.M., et al. 2009.A safe operating space for humanity.*Nature*, 461(7263):472–475. https://doi.org/10.1038/461472a.

Rubio, G., Pereyra, F.X. & Taboada, M.A. 2019.Soils of the Pampean Region.In G. Rubio, R.S.Lavado & F.X.Pereyra, eds.*The Soils of Argentina*, pp. 81–100.World Soils Book Series. Cham, Springer International Publishing. https://doi.org/10.1007/978-3-319-76853-3_6.

Ryan, J., Rashid, A., Torrent, J., Yau, S.K., Ibrikci, H., Sommer, R. & Erenoglu, E.B. 2013. Chapter One - Micronutrient Constraints to Crop Production in the Middle East–West Asia Region: Significance, Research, and Management. In: D.L.Sparks, ed. *Advances in Agronomy*. pp. 1–84. Vol.122.Academic Press. https://doi.org/10.1016/ B978-0-12-417187-9.00001-2123.

Saliu, T.D.& Oladoja, N.A. 2021.Nutrient recovery from wastewater and reuse in agriculture: a review.*Environmental Chemistry Letters*, 19(3):2299–2316. https://doi.org/10.1007/s10311-020-01159-7.

Sardans, J. & Peñuelas, J. 2015.Potassium: a neglected nutrient in global change.Global Ecology and Biogeography, 24(3):261–275. https://doi. org/10.1111/geb.12259.

Sattar, A., Naveed, M., Ali, M., Zahir, Z.A., Nadeem, S.M., Yaseen, M., Meena, V.S., et al. 2019. Perspectives of potassium solubilizing microbes in sustainable food production system:A review. *Applied Soil Ecology*, 133:146–159. https://doi.org/10.1016/j.apsoil.2018.09.012.

Sattari, S.Z., Bouwman, A.F., Martinez Rodríguez, R., Beusen, A.H.W.& van Ittersum, M.K. 2016.Negative global phosphorus budgets challenge sustainable intensification of grasslands. *Nature Communications*, 7(1):10696. https://doi.org/10.1038/ncomms10696.

Schlesinger, W.H. 2009.On the fate of anthropogenic nitrogen.Proceedings of the *National Academy of Sciences*, 106(1):203–208.

Scientific Panel on Responsible Plant Nutrition. 2020.A new paradigm for plant nutrition.Issue Brief 01. https://www.sprpn.org.

Scholz, R.W. & Wellmer, F.-W. 2013.Approaching a dynamic view on the availability of mineral resources:What we may learn from the case of phosphorus? *Global Environmental Change*, 23(1):11-27. https://doi.org/10.1016/j.gloenvcha.2012.10.013.

Schütz, L., Gattinger, A., Meier, M., Müller, A., Boller, T., Mäder, P. & Mathimaran, N. 2018.Improving Crop Yield and Nutrient Use Efficiency via Biofertilization—A Global Meta-analysis. *Frontiers in Plant Science*, 8. (available at https://www.frontiersin.org/article/10.3389/fpls.2017.02204).

Shivay, Y.S., Kumar, D. & Prasad, R. 2008.Effect of zinc-enriched urea on productivity, zinc uptake and efficiency of an aromatic rice–wheat cropping system.*Nutrient Cycling in Agroecosystems*, 81(3):229–243. https://doi.org/10.1007/s10705-007-9159-6.

Sillanpää, M. 1982.*Micronutrients and the nutrient status of soils: A global study*. FAO Soils Bulletin 0253.Rome, Italy, FAO. 458 pp. (available at https://www.fao.org/publications/card/en/c/03daab96-5a01-4ef1-96a1-76ba6b1c9343/).

Sillanpää, M. 1990.*Micronutrient assessment at the country level: an International study*. FAO Soils Bulletin no. 63.Rome., Food and Agriculture Organization of the United Nations (FAO).

Singh, B. & Schulze, D.G. 2015.Soil minerals and plant nutrition.*Nature Education Knowledge*, 6(1):1.

Singh, U., Praharaj, C., Chaturvedi, S. & Bohra, A. 2016.Biofortification:Introduction, Approaches, Limitations, and Challenges.In:Biofortification of Food Crops. pp. 3–18. https://doi.org/10.1007/978-81-322-2716-8_1.

Slaton, N.A., Lyons, S.E., Osmond, D.L., Brouder, S.M., Culman, S.W., Drescher, G., Gatiboni, L.C., et al. 2022.Minimum dataset and metadata guidelines for soil-test correlation and calibration research.*Soil Science Society of America Journal*, 86(1):19–33. https://doi.org/10.1002/saj2.20338.

Soler-Rovira, J., Soler-Rovira, P., Soler-Soler,J. & Polo, A. 1997.Chromium in fertilizers. p. 95.Paper presented at 11 th World Fertilizer Congress, Gent, Proceedings, 1997.

Soufizadeh, S., Munaro, E., McLean, G., Massignam, A., van Oosterom, E.J., Chapman, S.C.,

Messina, C., et al. 2018.Modelling the nitrogen dynamics of maize crops – Enhancing the APSIM maize model.*European Journal of Agronomy*, 100:118–131.

Soumare, A., Diedhiou, A.G., Thuita, M., Hafidi,M., Ouhdouch, Y., Gopalakrishnan, S. & Kouisni,L. 2020.Exploiting biological nitrogen fixation:Aroute towards a sustainable agriculture. *Plants*, 9(8).

Stevenson, F.J. & Cole, M.A. 1999.*Cycles of soils: carbon, nitrogen, phosphorus, sulfur, Micronutrients*.2nd edition.John Wiley & Sons, Hoboken.448 pp.

Stewart, Z.P., Pierzynski, G.M., Middendorf, B.J.& Prasad, P.V.V.2020.Approaches to improve soil fertility in sub-Saharan Africa.*Journal of Experimental Botany*, 71(2):632–641. https://doi.org/10.1093/jxb/erz446.

Sutton, M.A., Howard, C.M., Bleeker, A. & Datta, A. 2013.The global nutrient challenge:From science to public engagement.*Environmental Development*, 6:80–85. https://doi.org/10.1016/j.envdev.2013.03.003.

Sutton, M.A., Mason, K.E., Bleeker, A., Hicks, W.K., Masso, C., Raghuram, N., Reis,S.& Bekunda, M. 2020.*Just Enough Nitrogen: Perspectives on how to get there for regions with too much and too little nitrogen*.Springer International Publishing. https://books.google.com.mx/books?id=hAwIEAAAQBAJ.

Sutton, M.A., Oenema, O., Erisman, J.W., Leip, A., van Grinsven, H. & Winiwarter, W. 2011. Too much of a good thing.*Nature*, 472(7342):159–161.

Tan, Z. X., Lal, R., and Wiebe, K. D. 2005.Global Soil Nutrient Depletion and Yield Reduction. Journal of Sustainable Agriculture, 26(1):126–146.

Thapa, R., Chatterjee, A., Awale, R., McGranahan, D.A. & Daigh, A. 2016.Effect of enhanced efficiency fertilizers on nitrous oxide emissions and crop yields:A Meta-analysis.*Soil Science Society of America Journal*, 80(5):1121–1134. https://doi.org/10.2136/ sssaj2016.06.0179.

Tian, H., Xu, R., Canadell, J.G., Thompson, R.L., Winiwarter, W., Suntharalingam, P., Davidson,E.A., et al. 2020.A comprehensive quantification of global nitrous oxide sources and sinks.*Nature*, 586(7828):248–256.

Tully, K., Sullivan, C., Weil, R. & Sanchez, P. 2015.The state of soil degradation in sub-Saharan Africa: baselines, trajectories, and solutions. *Sustainability*, 7(6):6523–6552. https://doi.org/10.3390/su7066523.

Tziolas, N., Tsakiridis, N., Chabrillat, S., Demattê, J.A.M., Ben-Dor, E., Gholizadeh, A., Zalidis, G., et al. 2021.Earth observation data-driven cropland soil monitoring:A review.*Remote Sensing*, 13(21). https://doi.org/10.3390/rs13214439.

UNICEF/WHO/World Bank. 2021.Malnutrition.In:UNICEF DATA [online].[Cited 4th of December 2021]. https://data.unicef.org/topic/nutrition/ malnutrition/.

Valve, H., Ekholm, P. & Luostarinen, S. 2020.The circular nutrient economy: needs and potentials of nutrient recycling.*Chapters*, pp. 358–368.Edward Elgar Publishing.(available at https://ideas.repec.org/h/elg/eechap/18519_27.html).

Vanlauwe, B., Descheemaeker, K., Giller, K.E., Huising, J., Merckx, R., Nziguheba, G., Wendt,

J. & Zingore, S. 2015.Integrated soil fertility management in sub-Saharan Africa: unravelling local adaptation.*SOIL*, 1(1):491–508.https://doi.org/10.5194/soil-1-491-2015.

Vanlauwe, B., AbdelGadir, A.H., Adewopo, J., Adjei-Nsiah, S., Ampadu-Boakye, T., Asare, R., Baijukya, F., et al. 2017.Looking back and moving forward:50 years of soil and soil fertility management research in sub-Saharan Africa.*International Journal of Agricultural Sustainability*, 15(6):613–631. https://doi.org/10.1080/14735903.2017.1393 038.

Van Kauwenbergh, S.J.2010.*World phosphate rock reserves and resources*.Ifdc Muscle Shoals.

Villalobos, F.J., Delgado Huertas, A., López- Bernal, Á. & Quemada, M. 2020.FertiliCalc:A decision support system for fertilizer management. https://doi.org/10.13039/100007652.

Vitali, G., Francia, M., Golfarelli, M. & Canavari,M. 2021.Crop management with the IoT: an interdisciplinary survey.*Agronomy*, 11(1):181. https://doi.org/10.3390/agronomy11010181.

Vitousek, P.M., Naylor, R., Crews, T., David, M.B., Drinkwater, L.E., Holland, E., Johnes,P.J., et al. 2009.Nutrient imbalances in agricultural development.*Science*, 324(5934):1519–1520. https://doi.org/10.1126/science.1170261.

Wang, Z. & Li, S. 2019.Nitrate N loss by leaching and surface runoff in agricultural land:A global issue (a review).*Advances in Agronomy*. https://doi.org/10.1016/BS.AGRON.2019.01.007.

Wang, Y., Ying, H., Yin, Y., Zheng, H. & Cui, Z. 2019.Estimating soil nitrate leaching of nitrogen fertilizer from global meta-analysis.*Science of The Total Environment*, 657:96–102. https://doi.org/10.1016/j.scitotenv.2018.12.029.

Weathers, K.C., Strayer, D.L. & Likens, G.E., eds. 2013. Glossary. In:*Fundamentals of Ecosystem Science*. pp. 303–305. Academic Press. https://doi. org/10.1016/B978-0-08-091680-4.00022-6.

Weil, R.R.& Brady, N.C. 2017.The nature and properties of soils (global edition).*Harlow: Pearson*.

Welch, R.M.& Graham, R.D. 2005.Agriculture: the real nexus for enhancing bioavailable micronutrients in food crops.*Journal of Trace Elements in Medicine and Biology*, 18(4):299–307.

Welch, R.M., Allaway, W.H., House, W.A. & Kubota, J. 1991.Geographic distribution of trace element problems.*In* J.J.Mortvedt, F.R.Cox & L.M.Shuman, eds.*Micronutrients in Agriculture*, pp. 31–57.John Wiley & Sons, Ltd. https://doi.org/10.2136/sssabookser4.2ed.c2.

WHO. 2015.The global prevalence of anaemia in 2011.Geneva:World Health Organization.

WHO. 2016.Vitamin and Mineral Nutrition Information System (VMNIS).In: World Health Organization. Cited 26 June 2022. https://www.who.int/teams/nutrition-and-food-safety/databases/ vitamin-and-mineral-nutrition-information-system.

WHO. 2022a.Micronutrients.(webpage accessed on the 15th of march 2022) https://www.who.int/health-topics/micronutrients#tab=tab_1.

WHO. 2022b.Indicator Metadata Registry Details.In:*The Global Health Observatory. World Health Organization*. Cited 24 June 2022. https://www. who.int/data/gho/indicator-metadata-registry/imr-details/3130.

White, P.J.& Broadley, M.R. 2009.Biofortification of crops with seven mineral elements often lacking in human diets–iron, zinc, copper, calcium, magnesium, selenium and iodine.*New

Phytologist, 182(1):49–84.

Williamson, M. & Griffiths, B. 1996.*Biological Invasions*.Springer Science & Business Media.

Wright, M.N. & Ziegler, A. 2016. ranger:A Fast Implementation of Random Forests for High Dimensional Data in C++ and R. *Journal of Statistical Software*, 77:1–17. https://doi.org/10.18637/jss. v077.i01.

Wood, R.J. 2005.BIOAVAILABILITY.In:B. Caballero, ed. *Encyclopedia of Human Nutrition (Second Edition)*. pp. 195–201.Oxford, Elsevier. https://doi.org/10.1016/B0-12-226694-3/00026-0.

Zhang, L. & Liu, X. 2018. Nitrogen transformations associated with N2O emissions in agricultural soils.*Nitrogen in Agriculture—Updates*. InTech Rijeka.

Zhang, X., Davidson, E.A., Zou, T., Lassaletta, L., Quan, Z., Li, T. & Zhang, W. 2020. Quantifying nutrient budgets for sustainable nutrient management.*Global Biogeochemical Cycles*, 34(3). https://doi.org/10.1029/2018GB006060.

Zhang, X., Zou, T., Lassaletta, L., Mueller, N.D.,Tubiello, F.N., Lisk, M.D., Lu, C., Conant, R.T., Dorich, C.D., Gerber, J., Tian, H., Bruulsema, T., et al. 2021.Quantification of global and national nitrogen budgets for crop production. *Nature Food*, 2: 529-540. https://doi-org /10.1038/s43016-021-00318-5.

术语表 | GLOSSARY

吸附：固体表面对离子或化合物的吸引力。土壤胶体吸附了大量的离子和水（Weil和Brady，2017）。

氨挥发：施肥后，氮以氨的形式进入大气的过程（粮农组织，2019c）。

有效态含量：口服摄入的营养元素中可为身体利用的部分，或可用于支持身体某项生理功能的营养元素含量。也可指食物成分或膳食中可被人体吸收利用的元素含量，或人体肠道可以吸收的营养元素含量。矿物质有效态含量可通过摄取富含反营养物质（吸收抑制剂）的食物而减少，或摄取富含营养增强剂的食物而增加（Singh等，2016）。

生物肥料：含有一种或多种活体或休眠微生物（如细菌、真菌、放线菌和藻类）的产品统称，一经施用，有助于大气固氮或溶解和调用土壤养分（粮农组织，2019c）。

生物源氮：通常指在硝化或反硝化过程中，微生物作用下土壤中释放出的氧化亚氮（Dolman等，2008）。

生物入侵：某种生物到达其过去天然分布范围之外的地方（Williamson和Griffths，1996）。

生物固氮：通常指常温常压下，某些与更高等级植物相关的细菌、藻类和放线菌将氮素（氮气）转化为有机化合物或其他可以被生物过程利用的形式（Weil和Brady，2017）。

黑土：富含有机碳且具有一定厚度的深色土层（粮农组织，2022）。

阳离子交换量：土壤能吸附的交换性阳离子的总量，也称作总交换容量、碱交换容量或阳离子吸附容量。用每千克土壤（或黏土等其他吸附剂）吸附的阳离子的厘摩尔数表示（Weil和Brady，2017）。

螯合作用：金属与分子（通常是有机物）配位结合的反应（Weathers等，2013）。

循环经济：资源利用效率最大化、废弃物排放最小化的经济体系（Deutz，2020）。

胶体：由极小颗粒构成，表面积较大的有机及无机物（Weil和Brady，2017）。

缓释肥料：以可控速度释放养分的肥料，便于植物持续吸收利用（Rajan等，2021）。

分解作用：通常指微生物作用下，化合物（例如矿物或有机化合物）经化学分解成更简单的物质（Weil和Brady，2017）。

反硝化作用：硝酸盐或亚硝酸盐经生化作用还原成氮气或氮氧化物的过程（Weil和Brady，2017）。

解吸附：被吸附的物质从吸附表面释放的过程（Weil和Brady，2017）。

溶解：气体、固体或液体分子完全、均匀地分散于另一种液体的过程（Weil和Brady，2017）。

术语表

增效肥料：与传统肥料相比，减少了肥料流入环境的损失，增加了养分有效态含量（Olson-Rutz等，2011）。

侵蚀：流水、风、冰等地质因素导致的土地表面消损，包括重力蠕变过程，也可指水、风、冰或重力引起的土壤或岩石的分离及运动（Weil和Brady，2017）。

富营养化：地表水中，植物养分（主要为氮、磷）过度富集（粮农组织，2019c）。

肥料：施用于土壤中，为植物生长提供重要元素的天然或合成有机和无机物（Weil和Brady，2017）。

肥料利用率：土壤施肥后，作物吸收的养分量估计值或确定值与所施肥料中该养分总量之比值。计算中，既可以计算首次施肥后当季作物的肥料利用率，也可以计算后茬作物的利用率（粮农组织，2019c）。

固定作用：①除氮素外：某些化学元素从可溶态或交换态转化成不溶态或非交换态的一个或多个土壤过程，如钾、铵和磷的固定；②氮素：氮气与氢气经化合作用形成氨的过程（Weil和Brady，2017）。

缺氧：环境中氧气不足以至于生物呼吸受限的状态（水体含氧量若小于2~3毫克/升（以O_2计）即为缺氧）（Weil和Brady，2017）。

固定：在微生物或植物组织中，元素从无机态转为有机态，进而难以被其他生物或植物利用（Weil和Brady，2017）。

活性物质：容易被微生物转化或被植物吸收利用的物质（Weil和Brady，2017）。

淋洗作用：土壤中可溶物质随渗滤水流出土壤的作用（Weil和Brady，2017）。

生命周期：产品系统的连续和相互关联的阶段，从原材料采购或从自然资源生成到最终处置（国际标准化组织，2006）。

云母：一种主要的铝硅酸盐矿物，结构为两层硅氧四面体片夹一层铝（镁）氧八面体片，层间有钾原子填充。云母很容易分离成片或薄片结构（Weil和Brady，2017）。

磷灰石：含钙的磷酸盐矿物总称，主要有氟磷灰石和氯磷灰石[$Ca_5(F, OH, Cl)(PO_4)_3$]，是地壳中磷的主要来源（Deb和Sarkar，2017）。

微生物群：特定生态系统（包括人体）中所有微生物的遗传物质（粮农组织，2019a）。

矿化作用：微生物分解作用下，元素从有机态转化成无机态的过程（Weil和Brady，2017）。

病症：一种疾病引发的症状或并发症（除死亡外）（Morgan和Summer，2008）。

死亡率：衡量一年内因某种因素死亡的人数，既能以死亡总人数为单位，也能以每年每十万人为单位。该数据有助于卫生机构确定公共卫生计划的优先顺序。每十万人的死亡人数受人口年龄分布影响（世卫组织，2022b）。

硝化作用：微生物（主要是自养细菌）将铵氧化成硝酸盐的过程（Weil和Brady，2017）。

生物固氮：将氮素（氮气）转化为有机化合物或其他可以被生物过程直接利用的形态（Weil和Brady，2017）。

硝化抑制剂：能够抑制铵态氮转化为硝态氮的生物氧化过程的物质（粮农组织，2019c）。

可利用养分：食物中可吸收利用的养分（Wood，2005）。

营养敏感型农业：生产出充足、优质、丰富、可负担、富有营养、符合文化习惯、安全的食物，以可持续方式满足人口膳食需求的农业模式（粮农组织，2017）。

有机肥料：可以用作肥料、为植物提供充足养分的动植物加工副产品(Weil和Brady, 2017)。

氧化：物质失去电子，获得正电荷，也可指物质与氧气的化合反应（Weil和Brady, 2017）。

成土过程：宏观层面上主要有五种成土过程，即红土化过程、灰化过程、钙化过程、盐碱化过程和潜育化过程（Pidwirny, 2021）。

库：按照动力学或理论性质划分物质集合而形成的子集。例如，用快速的微生物周转时间来界定土壤活性有机质库（Weil和Brady, 2017）。

原生矿物：熔岩沉积、结晶后，未改变化学组成的原始矿物（Weil和Brady, 2017）。

土壤胶体性质：土壤胶体的一般性质包括胶粒大小、表面积、表面电荷、阳离子交换量、水吸附力、内聚力、黏附力、膨胀性、收缩性、分散性、絮凝力、布朗运动和非渗透性（Channarayappa和Biradar, 2018）。

活性氮：与非活性氮（主要以惰性气体氮气形式存在）相对，指易被生物群利用的所有形式的氮（主要是氨、铵、硝酸盐，还包括氮氧化物等少量其他化合物）（Weil和Brady, 2017）。

还原：物质得到电子，失去正电荷，也可指物质失去氧或与氢化合的反应（Weil和Brady, 2017）。

径流：通过河网流出某一流域的降水量。未渗入地下而流失的部分称作地表径流；渗入地下流出河道的部分称作地下径流或地下渗流（土壤学中，径流通常指地表径流；地质学和水利学中，径流通常包括地表和地下径流）（Weil和Brady, 2017）。

次生矿物：由原生矿物分解或原生矿物分解产物再沉积形成的矿物（Weil和Brady, 2017）。

土壤有机质：包括各分解阶段的动植物与微生物残体、土壤微生物生物质、植物根部或其他土壤生物分泌的物质。它通常由通过2毫米筛网后土壤样品中的总有机碳（非碳酸盐）表示（Weil和Brady, 2017）。

土壤溶液：土壤液相及其所含溶质的总称，包括从土壤颗粒和其他可溶物质表面解离的离子（Weil和Brady, 2017）。

价值链：某行业中，企业的一系列生产经营活动（Porter's, 1985）。

风化：地表或接近地表的岩石在大气因素作用下产生的所有理化变化(Weil和Brady, 2017)。

图书在版编目（CIP）数据

滋养万物：关于土壤的最新研究 / 联合国粮食及农业组织编著；张夕珺，康菲，王宏锐译. -- 北京：中国农业出版社，2023.12
（FAO中文出版计划项目丛书）
ISBN 978-7-109-31549-5

Ⅰ.①滋… Ⅱ.①联… ②张… ③康… ④王… Ⅲ.
①土壤管理-研究 Ⅳ.①S156

中国国家版本馆CIP数据核字（2023）第240224号

著作权合同登记号：图字01-2023-3981号

滋养万物：关于土壤的最新研究
ZIYANG WANWU：GUANYU TURANG DE ZUIXIN YANJIU

中国农业出版社出版
地址：北京市朝阳区麦子店街18号楼
邮编：100125
责任编辑：郑　君
版式设计：王　晨　　责任校对：范　琳
印刷：北京通州皇家印刷厂
版次：2023年12月第1版
印次：2023年12月北京第1次印刷
发行：新华书店北京发行所
开本：700mm×1000mm　1/16
印张：6
字数：120千字
定价：59.00元

版权所有·侵权必究
凡购买本社图书，如有印装质量问题，我社负责调换。
服务电话：010-59195115　010-59194918